Julia Wachholz

Radio

Julia Wachholz

Radio

Geschichtlicher Hintergrund und Technische Entwicklungen

Lehrbuchverlag

Imprint
Any brand names and product names mentioned in this book are subject to trademark, brand or patent protection and are trademarks or registered trademarks of their respective holders. The use of brand names, product names, common names, trade names, product descriptions etc. even without a particular marking in this work is in no way to be construed to mean that such names may be regarded as unrestricted in respect of trademark and brand protection legislation and could thus be used by anyone.

Cover image: www.ingimage.com

Publisher:
Der Lehrbuchverlag
is a trademark of
International Book Market Service Ltd., member of OmniScriptum Publishing Group
17 Meldrum Street, Beau Bassin 71504, Mauritius

Printed at: see last page
ISBN: 978-620-2-49055-9

Inhaltsverzeichnis

Abbildungsverzeichnis

Tabellenverzeichnis

Abkürzungsverzeichnis

VLF:	Very Low Frequency
VHF:	Very High Frequency
EHF:	Extremely High Frequency
ASK:	Amplitude Shift Keying
PSK:	Phase Shift Keying
FSK:	Frequency Shift Keying

1 Einleitung

Täglich sind wir von ihnen umgeben, ohne dass wir es bemerken. Dabei schwingen sie von allen Richtungen und bahnen sich ihren Weg bis zu unserem Gehör. Elektromagnetische Wellen und Ihre Fähigkeit, Dateninformationen zu übertragen, sind für unsere heutige Zeit unentbehrlich. Dabei hilft der Radioempfänger die Wellen auszuwerten. Das Wort Radio stammt von dem lateinischen Wort Radius, das Strahl bedeutet. Es empfängt die ausgestrahlten Wellen und wandelt sie in Daten zurück. Ob gelegentlich oder ständig, das Radio ist aus unserem Alltag nicht mehr wegzudenken. Durch seine stetige Entwicklung etablierte es sich zu eines unserer wichtigsten gesellschaftlichen Medien und bietet eine Vielzahl an Unterhaltungsmöglichkeiten für alle Bereiche des Lebens.

Damals wie heute ist das Radio ein wichtiger Informationsübermittler. In Deutschland wurde es durch Adolf Hitler für Propagandazwecke und Gleichschaltung missbraucht und durch die amerikanische Besatzungsmacht im Westen wieder neu aufgebaut.

2 Aufgabenstellung

Die vorliegende Arbeit behandelt die drahtlose Übertragung des Radios. Die geschichtlichen Hintergründe sowie technischen Entwicklungen werden herausgearbeitet und geben einen Einblick in die Entstehungsgeschichte des Hörfunks. Dabei werden soziale wie auch technische Aspekte beleuchtet und miteinander in Verbindung gesetzt. Um einen besseren Überblick über technische Innovationen zu erhalten, werden grundlegende physikalische Prinzipien erklärt und ihr Zusammenspiel mit den technischen Bauten der Vergangenheit dargestellt. Dabei wird besonderes Augenmerk auf die technischen Übertragungsmöglichkeiten gelegt, welche mit Hilfe der zugrundeliegenden Nachrichtentechnik, im Speziellen der Antennentechnik, verdeutlicht wird. Ausgewertet wird die Nutzungsverbreitung der unterschiedlichen Techniken, wodurch ein Ausblick über die zukünftige Verbreitung gegeben werden kann.

3 Geschichte

Berlin 1923 - „Achtung! Hier Sendestelle Berlin Voxhaus, Welle 400. Wir bringen die kurze Mitteilung, dass die Berliner Sendestelle Voxhaus mit dem Unterhaltungsrundfunk beginnt." (Niedermaier, F.). Dies ist einer der bedeutendsten Sätze in der Geschichte des deutschen Radios. Doch bevor dies in Deutschland überhaupt möglich war gab es technisch sowie politisch harte Wege zu bestreiten. Es ist ein Medium im Wandel der Zeit und gehörte schnell zu einem der wichtigsten Unterhaltungsmedien in der Geschichte.

3.1 Erste Radiostationen in Amerika

Als Pionier der Radioübertragung sendete der Kanadier Reginald Fessenden an Heiligabend 1906 die erste Radiosendung mit musikalischem Inhalt. Die Zahl der Hörer hielt sich jedoch in Grenzen, da sich das Radio zu diesem Zeitpunkt noch im Versuchsstadium befand [1].
Die erste Radiostation, vergleichbar mit den heutigen, war der Sender des amerikanischen Amateurfunkers Frank Conrad. Aus Pittsburgh sendete Conrad Musik eines Grammophons und übertrug ab Mitte der 1920er Jahre täglich. Er erhielt durch sein Musikprogramm nicht nur in Pittsburgh großen Anklang. Die Westinghouse Company unterstützte den Amateurfunker und gründete im Oktober 1920 den Radiosender KDKA. Um die Kosten der neuen Radiostation zu decken, verkaufte Westinghouse die benötigten Receiver, wobei schon bald vorausgesagt wurde, dass die Kosten in naher Zukunft nicht mehr durch den Verkauf gedeckt werden können. KDKA übertrug am 2. November 1920 als erster die amerikanische Präsidentschaftswahl und erweiterte im Zuge dessen sein Programm. Von nun an konnte der Hörer auch Gottesdienste sowie Sportereignisse und Nachrichten über KDKA verfolgen. Angeleitet von diesem Erfolg wurden bis Ende 1922 fünfhundert neue Radiosender gegründet. Das Radio entwickelte sich immer weiter zum

amerikanischen Massenmedium. Die große Anzahl an privaten und militärischen Sendern konnte bald nicht mehr durch die regulären Sendebandbreiten gedeckt werden, weswegen neue Bandbreiten autorisiert werden mussten. Schon zu diesem Zeitpunkt war die Ausbreitung des Radios unaufhaltsam und bahnte sich bald seinen Weg nach Deutschland [2].

3.2 Deutschland

3.2.1 Weimarer Republik

Zur Zeit der Weimarer Republik, die von November 1918 bis zum 30. Januar 1933 bestand, sendete die erste Deutsche Sendestelle von Berlin 1923 aus. Damals galt das Radio nicht als Massenmedium und wurde in erster Linie von der Wirtschaft als neue Geldquelle ernstgenommen. Im Verlauf des Jahres 1924 kamen weitere Sendestationen in Leipzig, München und Hamburg dazu. Die Sender erreichten zu Beginn des Jahres eine Masse von 1.580 Menschen und zu Ende des Jahres schon 100.000. Der stetige Wachstum des Hörerkreises hielt in den ersten zehn Jahren an und machte auch keinen Halt im Jahr der Weltwirtschaftskrise 1929. Zum 1. Januar 1926 erreichte die Zahl der Rundfunkteilnehmer die erste Millionen und sechs Jahre später vier Millionen Hörer. Ähnlich wie heute wurde eine Rundfunkgebühr von 2 RM (Reichsmark) erhoben, für die ein gelernter Arbeiter damals zwei Stunden arbeiten musste. Den größten Hörerkreis erreichte man überwiegend in Großstädten. Der Rundfunkkommissar Hans Bredow versuchte mithilfe von Werken der Kunst mehr Menschen zu erreichen und das Radio in einen Kulturfaktor zu verwandeln. Die erste literarische Wortsendung wurde am 3. November 1923 ausgestrahlt, in welcher Heinrich Heines' Seegespenst gelesen wurde. Ein weiterer Höhepunkt der kulturellen Radioverbreitung war die Übertragung der Oper "Die Zauberflöte" aus der Berliner Philharmonie 1924.

Dies hatte zur Folge, dass es immer mehr Autoren zum Radio zog, die als Intendanten die kulturellen Programmteile übernahmen. Zu Anfang des Radios galt ein ungeregeltes Verfahren der Honorierung, dass von der Gesellschaft für Sonderechte geregelt wurde und von Bettauer als Hunger-Honorar (Irmela Schneider, 1984) bezeichnet wurde. Durch die schlechte Honorierung erreichte man nur einen kleinen Teil der Schriftsteller, die sich entschieden für den Hörfunk zu arbeiten.

Ein weiterer Versuch, Schriftsteller an das Medium Radio zu binden, war das Hörspiel-Preisausschreiben 1927. Es wurde von der Reichs-Rundfunk-Gesellschaft ins Leben gerufen, um den "Gedanken des Hörspiels zu fördern" (Irmela Schneider, 1984), wobei 1.200 Tonträger eingereicht wurden. Die Schriftsteller mussten sich den neuen Anforderungen des Radios stellen und die Funktionen der Kunst und Literatur mit dem neuen Medium vereinbaren und neue Wege beschreiten. Arno Schirokauer, Schriftsteller und Hörspielautor, machte zu diesem Zeitpunkt der Geschichte zum ersten Mal darauf aufmerksam, dass der Künstler nun vom Privaten zum politisch Öffentlichen übergehe. Hierbei nennt Ernst Bettauer, Rundfunkkritiker und -mitarbeiter, ganz spezifisch die Kasseler Tagung zum Thema Dichtung und Rundfunk, die als die einzige Tagung in dieser Form gilt.

Diese Tagung wurde im Herbst 1929 von der Reichs-Rundfunk-Gesellschaft und der Sektion für Dichtkunst der Preußischen Akademie der Künste veranstaltet. Unter wechselndem Vorsitz waren die Themen an den klassischen Literaturgattungen ausgerichtet und wurden mit der jungen Gattung Hörspiel erweitert. Im Mittelpunkt der Diskussion standen die Wechselbeziehungen zwischen Buchliteratur und Rundfunkprogrammen. Die Tagung fand unter Ausschluss der Öffentlichkeit statt, wofür sie von der Presse sehr kritisiert wurde, da es sich schließlich um ein öffentliches Medium handelte.

Ein wichtiges Thema der Weimarer Republik war die Zensur. Zu Beginn der ersten Konsolidierungsphase des deutschen Rundfunks, die 1926 begann, ereignete sich eine „,,rigorose Verbannung der Politik, speziell der parteipolitischen Kontroverse'" (Irmela Schneider, 1984: 21). Nachzulesen war diese Verbannung in den Richtlinien über die Regelung des Rundfunks vom 2. Dezember 1926. Die neuen Richtlinien forderten Neutralität und Unabhängigkeit in der Verbreitung von Nachrichten. Zu dieser Zeit galt der Rundfunk laut Rundfunkhistoriker Winfried B. Lerg, als „politische Verwaltung" (Irmela Schneider, 1984: 22), da die Rundfunkanstalten nur Nachrichten senden durften, die von der Dradag (Drahtlosen Dienst AG) stammten. Diese vom Reich bestimmte AG gehörte zu 51% dem Reich und 49% dem Reichsverband der Presse, zwei Großverlagen und zwei Agenturen. Auflagenachrichten und Lokalnachrichten waren von der Verwaltung ausgeschlossen und durften auch ohne Mitsprache der Dradag gesendet werden. Des Weiteren mussten die Sendeanstalten alle politischen Programminhalte dem Überwachungsausschuss zur Überprüfung aushändigen und deren Entscheidung abwarten. Eine Zeit geprägt von „,,politischer Abstinenz und Vorzensur'" (Irmela Schneider, 1984: 22). Der Gegensatz zur „politischen Verwaltung" ist die von 1928 bis 1932 herrschende „öffentliche Verwaltung" (Irmela Schneider, 1984: 22). Man erstrebte eine demokratische Form des Rundfunks, die schließlich jedoch scheiterte.

Um über die Grenzen Deutschlands senden zu können wurde 1929 der Weltrundfunksender in Betrieb genommen und erreichte Millionen von Auslandsdeutschen [3]. Die Rundfunkstation mit Hauptsprache Deutsch sendete mit nur 8 kW [4]. Zu Ende der Weimarer Republik am 11. Juni 1932 ordnete der Reichskanzler von Papen an, eine halbe Stunde Sendezeit des deutschen Radios täglich für die Reichsregierung nutzen zu können. Gekennzeichnet wird diese Zeit mit dem Begriff „,,Rundfunkunfreiheit vor 1933'" (Irmela Schneider, 1984: 22). Damit wurde den Nationalsozialisten der Weg geebnet das Radio als Propagandainstrument zu missbrauchen. [3]

3.2.2 Drittes Reich

Ab dem 30. Januar 1933, dem Tag von Hitlers Machtübernahme, wandelte sich das Radio schrittweise zum Volksempfänger. Es sollte die Volksgenossen auf den Führer einschwören und seine Macht verbreiten. Hitlers Herrschaft über das Radio begann schon am Tag seiner Ernennung zum Reichskanzler. Der ihm zu Ehren gehaltene Fackelzug wurde noch am selben Abend seiner Ernennung übertragen und am darauffolgenden Tag hielt er seine erste Radioansprache. Ab diesem Tag wurden 45 Wahlsendungen der Regierungsparteien ausgestrahlt. Anderen Parteien war es nicht erlaubt sich durch das Radio zu repräsentieren und somit gewann die NSDAP zusammen mit den Deutschnationalen die Mehrheit der Stimmen. Nach Hitlers Meinung sollte der Rundfunk zum wichtigsten Propagandainstrument umfunktioniert werden. Dabei wurden die öffentlichen sowie selbstständigen Rundfunkanstalten aufgelöst und ab dem 1. April 1934 zu Reichssendern umbenannt. Das Radio gehörte nun zur Dreiheit „ein Volk, ein Reich, ein Rundfunk" (Dominik Reinle 2005) mit dem der Reichssendeleiter Hadamovsky die Erfüllung der nationalen Revolution proklamierte. Einen Schritt weiter ging der Reichspropagandaleiter Joseph Goebbels mit der von ihm ausgerufenen personellen Säuberung, bei der alle jüdischen, sozialdemokratischen und kommunistischen Hörfunkmitarbeiter entlassen werden mussten. Die Mitarbeit beim Rundfunk war nur noch Journalisten gestattet, die Mitglied der Reichsrundfunkkammer waren. Um den Rundfunk gemeinsam zu erleben gab es die Anordnung zum Gemeinschaftsempfang in Betrieben und Ämtern, bei dem die Bevölkerung beispielsweise Hitlers Reden gemeinsam verfolgen konnte. Auch zu dieser Zeit wird der Informationsinhalt der Rundfunkprogramme überwacht und von Goebbels abgesegnet.

Um mehr Einfluss auszuüben, vergrößerte sich das Sendeangebot der deutschen Radiosender und 1936, im Jahr der Berliner Olympiade sendete der Kurzwellensender (KWS) Nachrichten in fünf Sprachen 22 mal am Tag. [5]

3.2.3 Rundfunk nach dem Zweiten Weltkrieg

Nach dem zweiten Weltkrieg und der Teilung Deutschlands in die Besatzungszonen ließ die Nutzung des Radios deutlich nach. Einer der Gründe waren die hohen Anschaffungskosten eines Radioempfängers. In der amerikanischen Besatzungszone besaßen im Jahr 1946 nur 42% ein funktionierendes Gerät und 56% hörten dabei zu den Abendstunden die Mittelwellenprogramme. Diese sendeten unter amerikanischer Kontrolle aus München, Stuttgart und Frankfurt. In den darauffolgenden Jahren wuchs der Hörerkreis stetig an. Dabei vertraute ein Großteil der Zuhörer den Radionachrichten mehr als der Zeitung. Durch Meinungsforschungen wurde das Sendeprogramm neu angepasst und das Programmeter maß außerdem, zu welchen Tageszeiten die Nutzung des Radios am größten war. Es wertete die Oberwellen aus, die im Stromnetz bei eingeschaltetem Radio entstanden. Ab 1952 wurde ein besonderes Augenmerk auf die Auswertung des Hörspiels gelegt. Bis Oktober 1955 gab es 95 Hörspiel-Studien.

Der Mittelwellensender NDWR war zu dieser Zeit der größte Sender mit dem umfassendsten Programm und zählte die meisten Hörer. Die UKW-Sender wurden Nord- und Westdeutschland zugeteilt, wobei diese nicht für die Nutzungsstatistik tagsüber von Relevanz waren. Erst zum 13. Oktober 1954 zeigte sich ein großer Anteil an UKW Nutzern. Nach der ersten Hälfte der fünfziger Jahre war ein deutlicher Rückgang der abendlichen Rundfunknutzung zu beobachten, der bis 1963 anhielt. Das Fernsehen war auf dem Vormarsch und drängte das Hörermedium immer mehr in den Hintergrund, weswegen die Rundfunkanstalten ihr Programm noch einmal an den damaligen Alltag anpassen mussten. Ende der sechziger Jahre führte man neue Servicewellen ein, die den ganzen Tag Musik und Nachrichten sendeten. In den Jahren 1960 und 1961 hatten in der Bundesrepublik und West-Berlin 95% der Haushalte ein Radiogerät [6].

Die DDR sendete von Berlin eigenständig ab dem 01. September 1945 zunächst das Programm des Berliner Rundfunks aus. Nach und nach öffneten kleinere Landessender wie Potsdam und Schwerin mit dem Berliner Programm und standen unter zentraler Lenkung. Zum großen Unmut des Westens zapfte der Osten die Frequenzen der westlichen Sender an, um mehr Sendefrequenzen zu erhalten.

Dies besserte sich in den fünfziger Jahren nach Ausweitung der UKW-Frequenzen, wodurch die Landessender auch mehr Eigenständigkeit bekamen. Gegensätzlich zur Bundesrepublik wurde hier „weniger an Unterhaltung und Entspannung als vielmehr an die Heranbildung eines sozialistischen Hör-Erlebnis gedacht" (Koch & Glaser 2005: 207).

Immer wichtiger wurde der menschliche Charakter des Rundfunks in den 1950er Jahren , der neue stilbildende Senderreihen hinzubrachte. Diese Zeit wird auch die goldene Ära des Radios genannt. AFN, der amerikanischer Radiosender American Forces Network, überzeugte vor allem junge Deutsche von seinem Programm. Er übermittelte weder Werbung noch Propaganda und unterstellte sich auch keiner Zensur. Mitte der achtziger Jahre brachte Deutschland die ersten kommerziellen Sender hervor, die die Leichtigkeit des amerikanischen Radios beibehielten. Auch heute noch ist unser Radioprogramm von dieser Leichtigkeit geprägt.

Der bisherige öffentlich-rechtliche Charakter der Rundfunkanstalten wurde 1986 mit dem dualen Rundfunksystem verabschiedet. Nun konnten auch privatwirtschaftliche Radiosender ihr Programm übermitteln. Dieses duale System wurde bis heute erhalten [7].

4 Technik

4.1 Grundsätzliche Entwicklungen

Auch heute noch nutzt das Radio die grundlegenden physikalischen Prinzipen und anfänglichen Entwicklungen.

4.1.1 Maxwell-Gleichungen

Die wichtigste Entdeckung zur Grundsteinlegung des Radios folgt aus den Maxwell-Gleichungen ((4-1) bis (4-4)), die von 1861-64 entstanden. Maxwell griff zur Gleichungsaufstellung die Theorien des englischen Experimentalphysikers und Naturforschers Michael Faraday auf.

Maxwell-Gleichung 1: Quellenstärke des elektrischen Feldes

$$div\, D = \rho \qquad (4\text{-}1)$$

D beschreibt die dielektrische Verschiebung, ρ die elektrische Ladungsdichte und t die Zeit. Die Gleichung besagt, dass elektrische Ladungen die Quelle elektrischer Felder sind.

Maxwell-Gleichung 2: Quellenfreiheit des magnetischen Feldes

$$div\, B = 0 \qquad (4\text{-}2)$$

B bezeichnet die magnetische Flussdichte. Magnetfelder sind gleichzeitig Wirbelfelder.

Maxwell-Gleichung 3: Wirbel des elektrischen Feldes

$$rot\, E + \frac{\partial B}{\partial t} = 0 \qquad (4\text{-}3)$$

E steht für die elektrische Feldstärke. Die Gleichung besagt, dass zeitlich veränderte magnetische Felder elektrische Wirbelfelder erzeugen.

Maxwell-Gleichung 4: Wirbel des elektrischen Feldes

$$rot\, H - \frac{\partial D}{\partial t} = j \qquad (4\text{-}4)$$

Zeitlich veränderte elektrische Felder bilden magnetische Wirbelfelder, wobei H für die magnetische Feldstärke steht.

Der Maxwellsche Verschiebungsstrom ($\partial D/\partial t$) führt dazu, dass ein magnetisches Feld durch die bloße Änderung eines elektrischen Feldes entsteht.
Das Vorhandensein von elektromagnetischen Wellen wird durch die Vereinfachung der Maxwell-Gleichungen im Vakuum ((4-5)-(4-6)) bewiesen [8]

$$\Delta B = \frac{1}{c^2}\frac{\partial^2 B}{\partial t^2} \qquad (4\text{-}5)$$

$$\Delta E = \frac{1}{c^2}\frac{\partial^2 E}{\partial ct^2} \qquad (4\text{-}6)$$

Maxwells Gleichungen bestätigen die dämpfungsfreie Ausbreitung der elektromagnetischen Welle mit Lichtgeschwindigkeit.

4.1.2 Hertzsche Versuche

Im Jahre 1886 belegte Heinrich Hertz durch seine Hertzschen Versuche die physische Existenz von elektromagnetischen Wellen mithilfe der zugrundeliegenden Maxwellschen Gleichungen ((4-1)-(4-6)). Hertz nutzte in seinen Versuchen einen linearen Oszillator, den nun nach ihm benannten Hertzschen Dipol/ Hertzschen Oszillator (Abb. 1). Er bestand aus Kondensatorplatten und einer Spule und erzeugte elektrische Wellen mit einer Frequenz von $5 * 10^8 \, Hz$ [9].

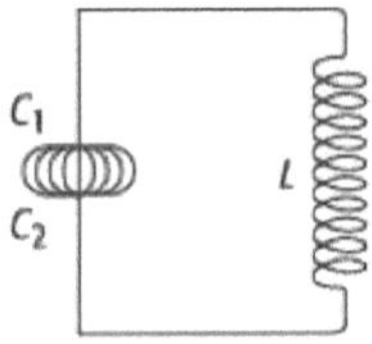

Abbildung 1 Hertzscher Oszillator

Dazu nutze der Physiker Schwingkreise, die aus Reihen- oder Parallelschaltung eines Kondensators und einer Spule entstehen. Im Oszillator handelt es sich um eine dauernde Energieumsetzung des elektrischen und magnetischen Feldes [10]. Die Feldlinien breiten sich abhängig vom Plattenabstand im Raum aus [9]. Hertz nutzte bei seinem Versuch in etwa gleichmäßig verteilten Strom und wies die abgestrahlten Wellen mithilfe einer Drahtschleife nach. Die Schleife besaß an einer Seite eine kleine Öffnung, die bei ausreichend großer Feldstärke eine Funkenentladung im Resonator zeigte. Diese Drahtschleife stellt die Grundform der Rahmenantenne im heutigen Gebrauch dar [10]. Durch weitere Versuche zur Polarisation, Reflexion und Beugung belegte er den Wellencharakter der Strahlung und deren quasioptische Ausbreitung. Damit bewies er, dass sich die Charakteristika von elektromagnetische Wellen mit denen von Lichtwellen überschneiden [11].

4.1.3 Funkentelegrafie

Die Funkentelegrafie, auch drahtlose Telegrafie, wird durch elektromagnetische Wellen und deren Ausbreitung definiert. Die elektrische Energie der Wellen wird in Wärme umgesetzt und an die Ätherschichten nacheinander abgegeben. Durch die einzelnen Schichten hindurch ergibt sich eine sogenannte Transversalwelle, die senkrecht zu ihrer Fortpflanzungsrichtung steht [12].

Als der Franzose Branley 1892 den Kohärer (Abb. 2) erfand, konnte man auch auf größere Entfernungen Wellenimpulse nachweisen.

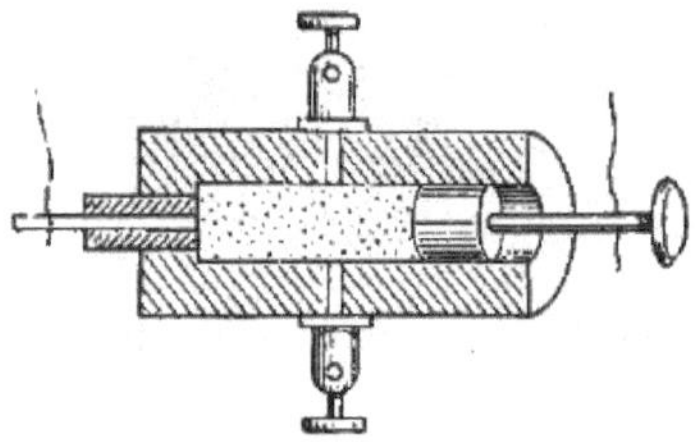

Abbildung 2 Kohärer von Branly

Dazu füllte Branley eine Glasröhre mit Eisenfeilspänen, die ihren elektrischen Widerstand änderten und leitend wurden, sobald elektrische Wellen auf die Röhre trafen. Die äußeren Metallplatten wurden dafür mit Drahtleitern verbunden, wodurch der Kohärer als Induktor fungierte. Mit diesem Fortschritt gelang es Popoff 1895 über eine Distanz von 4 Kilometer drahtlos zu telegrafieren. Er verwendete dafür die erste definierte Antenne aus einem nach oben gerichteten Draht, den er am Empfänger verbaute.

Der italienische Physiker Marconi führte die bisherigen Erkenntnisse zusammen und übersandte mittels eines Telegraphen (Abb. 3) das bisher längste drahtlose Signal von Frankreich nach England. Marconi gilt als Pionier der drahtlosen Telegraphie [10].

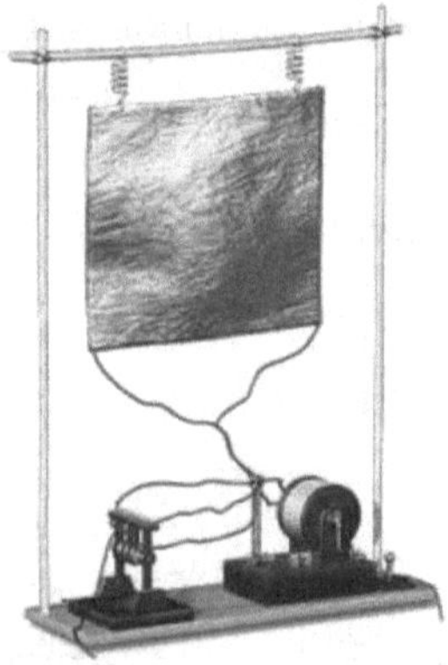

Abbildung 3 Marconi Telegraph 1897

Er schloss die von Popoff eingeführte Antenne auch an den Sender des Telegraphen an und überführte so das Signal. Die Luft kann bei großer Spannung nicht mehr isolieren, wodurch ein Funke entsteht. Der Funke sendet elektromagnetische Wellen aus, die vom Empfänger wahrgenommen werden. Auf der Senderseite (Abb. 4) setzte Marconi eine Taste ein, mit der er elektrische Impulse erzeugte.

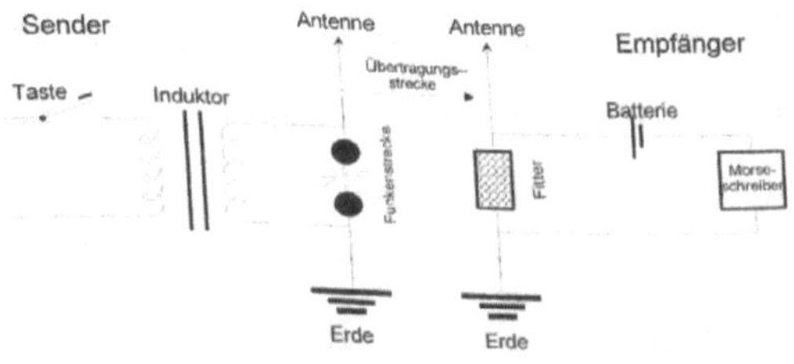

Abbildung 4 Prinzip der Funkentelegraphieeinrichtung

Diese Impulse wurden mittels einer Stromquelle am Empfänger verstärkt und vom Morseschreiber wahrgenommen. Marconis System der elektromagnetischen Wellenübertragung ist die Grundlage aller modernen Geräte [13]. Größere Reichweiten erreichte der deutsche Physiker Slaby. Er stimmte die Sendeantenne und Empfangsantenne aufeinander ab, weshalb man ihn den Begründer der abgestimmten Funkentelegrafie nennt. Durch diese Weiterentwicklung konnte der Telegraph die Energie besser ausnutzten und längere Strecken überbrücken.

Ferdinand Braun koppelte in seinen Telegraphenversuchen die Antenne induktiv an den Schwingkreis und löste damit den offenen Schwingkreis mit dem geschlossenen Schwingkreis ab.

Gekoppelte Systeme (Abb. 5) werden durch zwei Schwingkreise definiert.

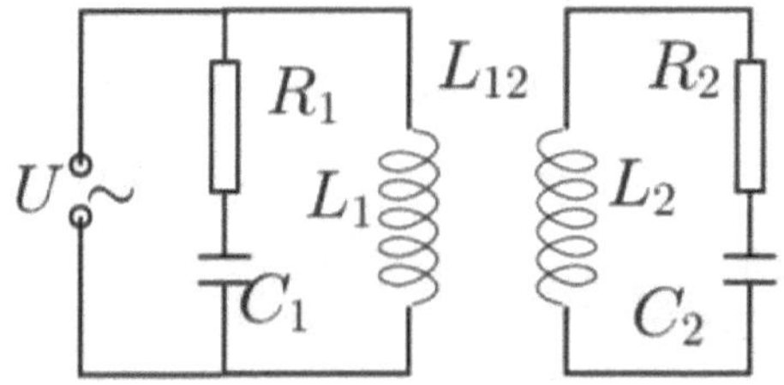

Abbildung 5 gekoppeltes System

Sie sind so angeordnet, dass die Schwingungen des ersten Systems das zweite System anregt. Dabei gibt es das Primärsystem, das von der Energiequelle direkt erregt wird und das Sekundärsystem, das von diesem beeinflusst wird. Braun nutzte eine induktive Kopplung, wodurch das elektromagnetische Feld des Primärsystems das der Antenne erregt. Zwischen 1898 und 1902 erprobte man in Deutschland die Resonanz, um eine höhere Wirkung zu erzielen. Resonanz entsteht durch gleiche Frequenzen der gekoppelten Systeme. Die Eigenschwingung des Sekundärsystems hat die gleiche Frequenz wie das Primärsystem. Sie sind aufeinander abgestimmt.

Wenn diese Bedingung erfüllt ist, erreichen die Amplituden ihren Maximalwert. Die Resonanzkurve gibt dabei an, in welchem Verhältnis beide Systeme stehen. Je flacher die Kurve, desto größer ist die verbrauchte Energie der beiden Schwingkreise. Die verbrauchte Energie wird als Dämpfung bezeichnet [10].

4.2 Radioübertragung

Die wichtigste Aufgabe der Radioübertragung ist die möglichst verlustarme Übertragung von Informationen. Dabei sollen möglichst viele Empfänger das Signal des Senders empfangen können. Zugreifen kann man auf das Medium stationär, portabel oder auch mobil. Verbindliche Frequenzbänder sind durch die Internationale Fernmeldeunion (ITU/UIT) festgelegt [14]. In der Regel werden ganze Frequenzbänder übermittelt, die möglichst weite Strecken zurücklegen müssen. Es handelt sich dabei um Audiosignale und zum Teil um Zusatzinformationen wie Grafik oder Text. Nachrichten werden nur dann als solche wahrgenommen, wenn die Zeitfunktion, also die zeitliche Änderung des Signals, eine unvorhersehbare Zustandsänderung beinhaltet. Die Signalübertragungskette (Abb. 6) zeigt die Informationsübertragung der Nachrichtenquelle zur Nachrichtensenke (Nachrichtenverbraucher).

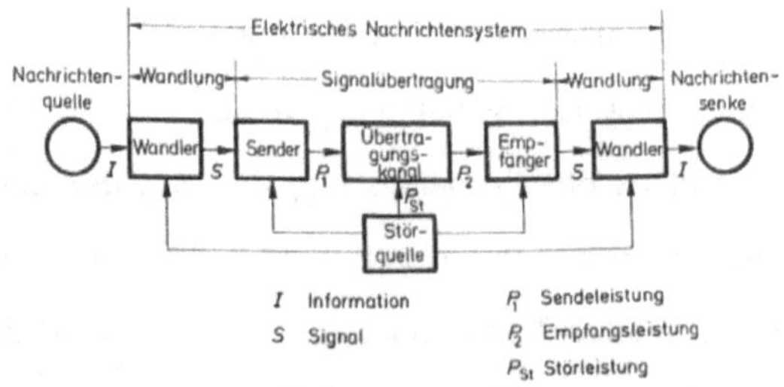

Abbildung 6 Signalübertragungskette - Schema einer Nachrichtenverbindung

Die Übertragungskette kann in die Bereiche Wandlung und Übertragung eingeteilt werden. Die ausgehende Information der Nachrichtenquelle wird vom Wandler zum

Signal gewandelt und im Wandler des Empfängers gelesen und ausgewertet. Für die Übertragung von Sprache und Musik benötigt man einen elektroakustischen Wandler.

4.2.1 Analoges Radio

Das analoge Radio erfreut sich auch heute noch großer Popularität. Um Radio empfangen zu können werden Trägerfrequenzen zur Übermittlung von Informationen verwendet, um einen möglichst geringen Verlust der Information zu erreichen [15]. Das Signal x(t) ist zu jedem Zeitpunkt an der Zeitachse t definiert (Abb. 7). In der Theorie sind sie unendlich genau definiert [17].

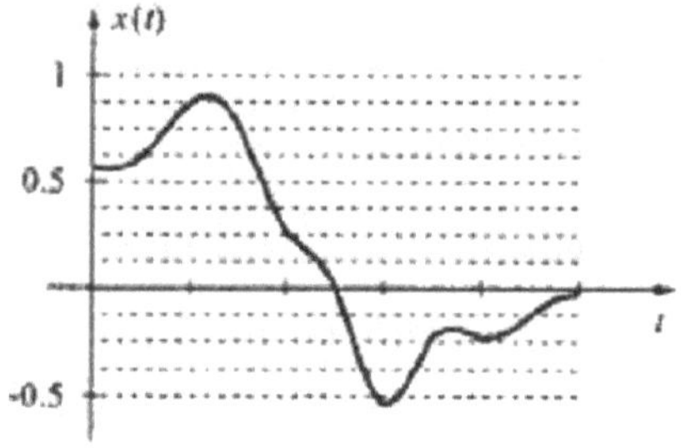

Abbildung 7 Analoges Signal

Zunächst wird der terrestrische Empfang von Radio folgend untergliedert (Tab. 1).

Frequenz	Programm	Modulationsart
148,5 - 1283,5 kHz	Langwelle	AM
526,5 - 1606,5 kHz	Mittelwelle	AM
2,3 - 26,1 MHz	Kurzwelle	AM
87,5 - 108 MHz	Ultrakurzwelle (UKW)	FM

Tabelle 1: Hörfunkfrequenzen

Die verschiedenen Programme werden auf verschiedenen Frequenzen empfangen und unterteilen sich in Lang-, Mittel-, Kurz- und Ultrakurzwelle. Um das Signal zu übertragen wird es unterschiedlich moduliert [15].

Bei der analogen Übertragung wird grundsätzlich ein niederfrequentes Modulationssignal vom Sender in ein moduliertes Hochfrequenzsignal umgewandelt [14]. Der Sender setzt sich aus drei Bestandteilen zusammen. Der Steuersender erzeugt die hochfrequente Trägerschwingung der Frequenzkonstanz durch einen Oszillator.

Der Modulator setzt das Trägersignal auf das niedrigfrequentierte Signal und der Sendeverstärker erzeugt die benötigte Sendeleistung und gibt sie an die Antenne weiter [15]. Das gewonnene Hochfrequenzsignal wird durch eine Sendeantenne als ungeführte Funkwelle übertragen [14].

Während der Modulation entstehen neue Frequenzanteile, die im Quellsignal nicht enthalten waren. Dabei wird das niederfrequente Signal mit einem hochfrequentem Träger gemischt und es gilt $f_1 \ll f_0$ gilt. f_1 beschreibt dabei die ursprüngliche Signalfrequenz und f_0 die dazugemischte Trägerfrequenz. Es entsteht ein Frequenzspektrum, das aus dem Trägersignal und zwei Seitenlinien $f_0 - f_1$ (untere Seitenlinie) und $f_0 + f_1$ (obere Seitenlinie) besteht. Beide Seitenlinien stellen ein eigenes Signal dar, das das ursprüngliche Signal f_1 enthält [15]. Bei der analogen Modulation liegt eine sinusförmige Trägerschwingung u_T (4-7) vor.

$$u_T = A_T \sin(\omega_T t + \varphi_T) \qquad (4\text{-}7)$$

Möglichkeiten der analogen Hörfunkmodulation sind Amplitudenmodulation (AM) und Frequenzmodulation (FM).

Bei der Amplitudenmodulation moduliert das Signal die Amplitude des Trägers. Die Bandbreite B_{AM} (4-8) des AM-Signals hängt von der größten Modulationsfrequenz f_{max} ab.

$$B_{AM} = 2 * f_{max} \qquad (4\text{-}8)$$

Das Verhältnis der Amplituden des Modulationssignals $\widehat{u_M}$ und des Trägersignals $\widehat{u_T}$ gibt den Modulationsgrad m (4-9) an, der alle Werte zwischen null und eins annehmen kann.

$$m = \frac{\widehat{u_M}}{\widehat{u_T}} \qquad (4\text{-}9)$$

Um Sprache zu senden, wird ein breitbandiges Nutzsignal übertragen.

Durch die Summe der Seitenfrequenzen, die dem Modulationssignal entstammen, entstehen Seitenbänder (Abb. 8) oberhalb und unterhalb der Trägerfrequenz.

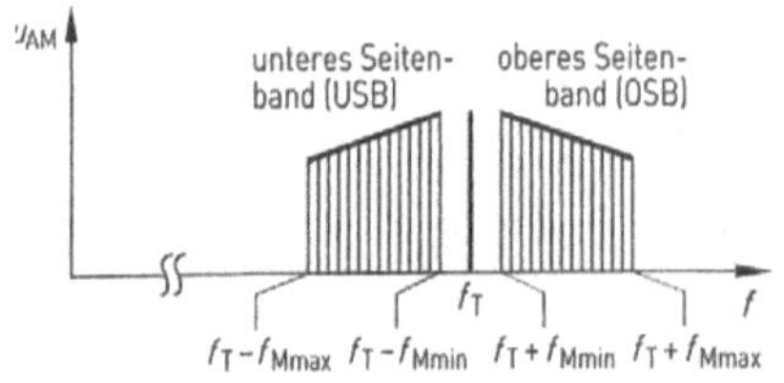

Abbildung 8 Trägersignal mit Seitenbändern

Bei der Modulation wird die gesamte Information des AM-Signals übertragen. Dabei werden der Träger und beide Seitenbänder ausgestrahlt, wobei nur ein Seitenband benötigt wird, um das Signal richtig zu interpretieren.

Durch den symmetrischen Signalaufbau der Seitenlinien wird es Zweiseitenbandverfahren genannt. Typisch für AM-Sender ist die Endstufenmodulation, bei der Trägersignal und Modulationssignal getrennt geführt und verstärkt werden, bis sie in der letzten Stufe moduliert werden. Die Sendeleistung P_T eines klassischem AM-Senders ist 500 W bis 1 MW.

Das amplitudenmodulierte Signal u_{AM} wechselt zwischen den Amplituden des Trägersignals und des Modulationssignals. Der Verlauf des Modulationssignals ist durch die Hüllkurve (Abb. 9) ersichtlich. Sie ist die Verbindungslinie zwischen Maximal- und Minimalwerten.

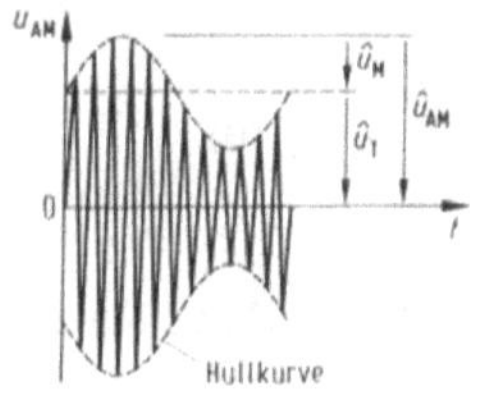

Abbildung 9 Hüllkurve

Um das Quellsignal wieder zu erhalten muss das modulierte Signal demoduliert werden.

Das erste Demodulationsverfahren ist die inkohärente Demodulation, bei der das Trägersignal nicht benötigt wird. Demoduliert wird mittels eines Hüllkurvendetektors.

Die Diode des Detektors bewirkt eine Gleichrichtung des AM-Signals und filtert das Modulationssignal anschließend durch einen RC-Bandpass heraus.

Die zweite Art ist die kohärente Demodulation, bei der das verschobene Modulationssignal wieder in die Basisbandbreite gebracht wird. Liegt eine Übermodulation vor, bei der das Modulationssignal größer als die Trägerfrequenz ist, kann das Modulationssignal durch eine Demodulation nicht mehr zurückgewonnen werden.

Eine Frequenzmodulation liegt vor, wenn die Frequenz des Trägersignals f_T proportional zum Spannungsverlauf des Modulationssignals $u_M(t)$ verändert wird.

Das FM-Signal besitzt einen sinusförmigen Verlauf und eine konstante Amplitude. Die Abweichung der Trägerfrequenz wird als Frequenzhub $\Delta\omega_T$ (4-10) bezeichnet.

$$\Delta\omega_T = 2 * \pi * \Delta f_T \sim u_M(t) \qquad (4\text{-}10)$$

Der Modulationsindex M (4-11) ist das Verhältnis zwischen Frequenzhub $\Delta\omega_T$ und Modulationsfrequenz ω_M.

$$M = \frac{\Delta\omega_T}{\omega_M} = \frac{\Delta f_T}{f_M} \qquad (4\text{-}11)$$

Die Bandbreite B_{FM} (4-12) des FM-Signals wird aus dem Frequenzhub und der größten Frequenz des Modulationssignals berechnet.

$$B_{FM} = 2 * (\Delta f_T + f_M) \qquad (4\text{-}12)$$

Das frequenzmodulierte Signal benötigt zwar große Bandbreiten, weist jedoch eine geringe Empfindlichkeit gegenüber Störungen auf. Im FM-Bereich liegt die Sendeleistung zwischen 10 W bis 50 kW. Die Demodulation eines FM-Signals erfolgt meistens durch einen Flankendiskriminator. Das FM-Signal wird in ein AM-Signal umgewandelt, wobei die Frequenzänderungen in Spannungsänderungen gewandelt werden. Anschließend erfolgt die AM-Demodulation.

Damit keine Überlappungen der Kanäle auftreten, müssen die Trägerfrequenzen mit Abstand der Kanalbandbreiten voneinander getrennt sein (Abb. 10).

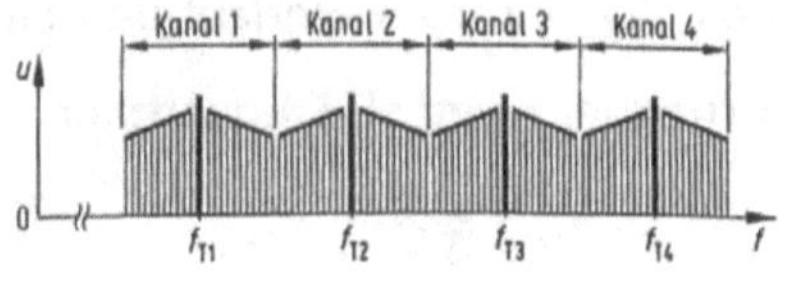

Abbildung 10 Kanalraster

Durch die Einhaltung der Abstände kann störungsfrei übertragen werden.

Die Empfangsantenne wandelt die übertragene Feldstärke in eine hochfrequente Eingangsspannung für den Empfänger (Radiogerät) um, wobei dazu nur der selektierte Frequenzbereich durch veränderliche Kondensatoren, Kapazitätsdioden oder Spulen empfangen wird. Das niedrig, hochfrequent, empfangene Signal muss im Rundfunkempfänger vorverstärkt und demoduliert werden. Im letzten Schritt wird die Leistung des demodulierten Signals verstärkt und in akustische Signale gewandelt.

Unterschiedliche Lautstärken treten beim Senderwechsel durch die verschiedenen Feldstärken auf. Diese Ungleichheit wird durch die automatische Lautstärkeregelung (ALR) korrigiert. Jeder Empfänger besitzt eine Empfindlichkeit, mit der man die kleinste Eingangsspannung bestimmen kann, um einen fehlerfreien Empfang zu erhalten [14].

4.2.1.1 LMK-Rundfunk

Die Langwellen und Mittelwellen sind amplitudenmoduliert und werden im Zweiseitenbandverfahren mit einer Signalbandbreite von 4,5 kHz moduliert. Dabei ist eine Bandbreite von 9 kHz pro Sender notwendig. Durch diese Breite ergeben sich 15 Kanäle für Langwelle und 120 Kanäle für Mittelwelle. Dieser Bereich des Rundfunks wird monophon, also einkanalig übertragen. Langwellen mit $\lambda = 1$ km bis

10 km können sich über einige tausend Meter als Bodenwelle (Abb. 11a) ausbreiten. Die Raumwelle (Abb. 11b) wird tagsüber sowie nachts durch verschiedene Gasmoleküle gedämpft. Aufgrund ihrer physikalischen Ausbreitung kann sie dennoch bis zu 2.000 km überwinden.

Abbildung 11 a) Bodenwelle und b) Raumwelle

Tagsüber sind Mittelwellen mit λ = 100 m bis 1.000 m nur als Bodenwellen bis zu 100 km wirksam. Nachts kann die Mittelwelle mittels einer Raumwelle mehr als 1.000 km überwinden, wobei Interferenzerscheinungen sehr wahrscheinlich sind und sich die Sender gegenseitig beeinflussen [15]. Die Übertragung von Mittelwellen erfolgt monophon, da die Klangqualität gegenüber UKW sehr gering ist [16].

Die Bodenwelle von Kurzwellen mit λ = 10 m bis 100 m ist aufgrund ihrer Bedämpfung kaum relevant. Die Raumwelle wird an den der Ionosphäre, welche bei 80 km Lufthöhe beginnt, gebrochen sowie reflektiert und kann durch Mehrfachreflexionen an der Erdoberfläche rund um die Erde strahlen (Abb. 12).

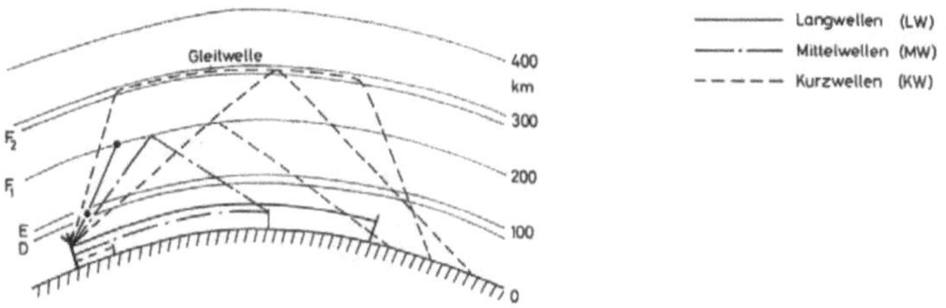

Abbildung 12 Ausbreitung der Wellenbereiche

Im Bereich der Kurzwellen ist es möglich nahezu 1.500 Kanäle auszustrahlen [15]. Die Bandbreite beträgt 5 kHz. Ein Kurzwellensender kann über eine Entfernung von

50 km gut empfangen werden. Jedoch sind auch weltweite Übertragungen möglich. Diese variiert mit den Eigenschaften der Ionosphäre [16]. Jedoch kann aufgrund der Reflexionen nicht die volle Kapazität von 13 MHz des Bandes genutzt werden

4.2.1.2 UKW-Rundfunk

Der Ultrakurzwellenrundfunk (VHF-Band II) ist im Gegensatz zum LMK-Rundfunk frequenzmoduliert. Die Sendebandbreite beträgt 300 kHz [15]. Auf der Internationalen Funkverwaltungskonferenz Genf wurde eine Obergrenze von 108 MHz festgelegt.

Moduliert werden das Trägersignal mit dem Modulationssignal, der Hilfsträger des Stereosignals und weitere Hilfsträger. Das Mittensignal M (4-13), das auch monophon genutzt werden kann, wird bei UKW mit übertragen.

$$M = L + R \tag{4-13}$$

L beschreibt den linken Kanal und R den rechten Kanal des Signals.

Das Differenzsignal $L - R$ wird übertragen, um die beiden Stereokanäle zurückzugewinnen, das Pilotton mit 19 kHz wird übertragen, um den unterdrückten Stereo-Hilfsträger bei 38 kHz wiederherzustellen und der Verkehrsfunk-Hilfsträger bei 67 kHz, um ARI (Autofahrer-Rundfunk-Informationen) und RDS (Radio-Daten-System) zu erhalten (Abb. 13).

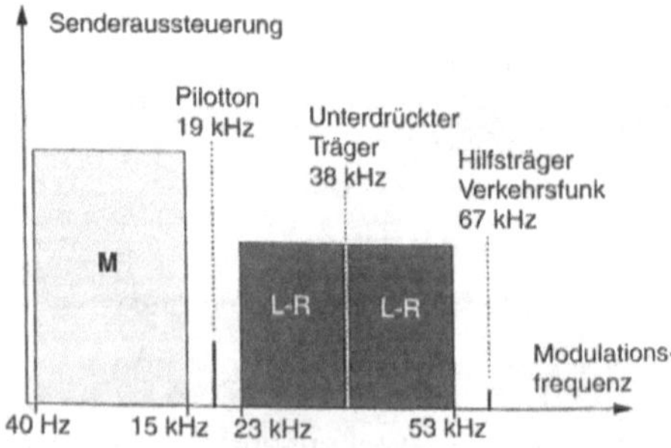

Abbildung 13 Stereo UKW Sendesignal

UKW weist durch 15 kHz Bandbreite eine viel bessere Klangqualität als AM-Rundfunk auf und ist weniger störanfällig. Des Weiteren erfolgt keine Reflexion an der Ionosphäre, wodurch eine quasioptische Ausbreitung entsteht. Daraus folgt, dass UKW-Sender möglichst hoch gebaut sein müssen und in Tälern oder Gebirgen ein Füllsender von Nöten ist. Die Sendeleistung beträgt bis zu 400 km Reichweite, wodurch Frequenzen öfter belegt werden können.
In Deutschland gibt es eine mittlere Frequenzbelegung von 6 Sendern pro UKW-Frequenz. Der UKW-Rundfunk ist damit der meistgenutzte Rundfunk in Deutschland.

4.2.1.3 Analoger Kabel- und Satellitenhörfunk

Der analoge Kabelhörfunk wird durch die Kopfstationen der Kabelnetze weitergegeben. Dabei kann er entweder terrestrisch oder per Satellit empfangen werden. Die Signale werden auf UKW-Frequenz moduliert, wodurch sie für UKW-Tuner lesbar sind.
Durch die Modulation stimmen die terrestrischen Signale mit denen im Kabel nicht mehr überein. In der Literatur wird der Kabelhörfunk größtenteils mit dem analogen Kabelfernsehen zusammengefasst, wodurch kaum Nachschlagewerke zum speziellen Hörfunk vorhanden sind. Der analoge Satellitenhörfunk wird literarisch mit dem Kabelhörfunk zusammengefasst [16]. Um Satellitenhörfunk möglich zu machen, muss der Satellit die Signale der Erdfunkstelle ohne Verarbeitung in einer anderen Frequenzlage oder im Basisband ausstrahlen. Dabei wird das hochfrequente Signal, das von der Erde moduliert wurde, vom Satelliten nur durchgeschaltet. Setzt der Satellit das Signal auf eine Zwischenfrequenz oder auf das Basisband, muss der Transponder des Satelliten das Signal umsetzten. Die Satellitenempfangsanlage sendet das Signal nach Erhalt weiter.

4.2.2 Digitales Radio

Anfang der Neunziger Jahre begann der Aufbau des digitalen Hörfunks in Deutschland.

Mit Digital Radio (DAB) konnte die Bitrate v_{bit}, die Übertragungsgeschwindigkeit digitaler Signale um 80% reduziert werden. Erreichbar war dies durch ein Quellencodierungsverfahren, das die Bitrate des digitalisierten Quellensignals ohne Informationsverlust vermindert.

Ein digitales Signal, auch als diskretes Signal bezeichnet, ist in Teilbereiche zerlegt (Abb. 14) [14].

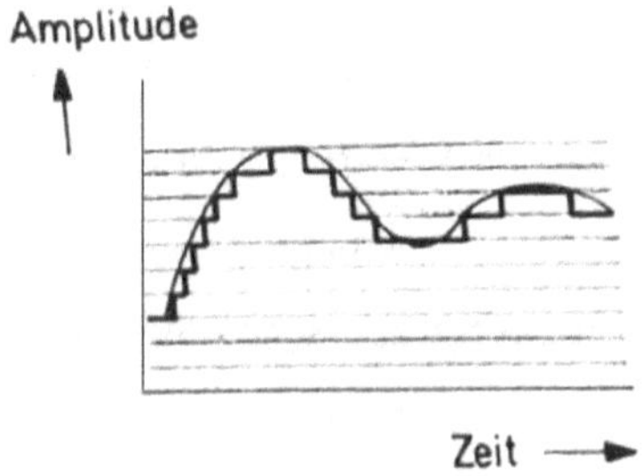

Abbildung 14 Digitales Signal

Das Signal ist zeitdiskret mit quantisierten Amplitudenphasen und wird codiert. Dabei werden festgelegte Zeichen aus einem Zeichenvorrat in einen anderen umgewandelt.

Je nach Codierungszweck finden unterschiedliche Codierungsarten statt (G. Krump, 2014) [17]. Das gewonnene Codewort besteht aus einer unterschiedlichen Menge von Elementen, die den möglichen Zustand 0 und 1 haben. Daraus resultiert eine Bitfolge mit unterschiedlichen Wertigkeiten.

Das letzte Bit ist das niedrigwertigste Bit und das erste das höchstwertigste Bit (Abb. 15).

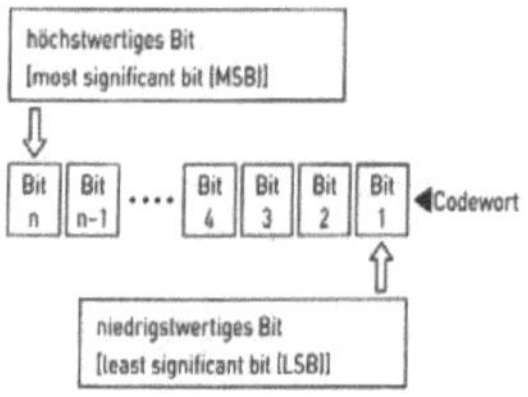

Abbildung 15 Wertigkeit

Die Wertigkeit steigt von rechts nach links in der Bitfolge. Mit verschiedenen Codierungsverfahren sind umgekehrte Wertigkeitsabfolgen möglich [14]. Durch die Digitalisierung des Rundfunks gibt es eine Vielzahl von weiteren Übertragungsmöglichkeiten, wodurch die Qualität des Signals verbessert und stabilisiert wurde. Das Signal kann mittels Kabel, Satellit und Internet oder terrestrisch übertragen werden. Des Weiteren wurde die Zahl an Programmen um ein Vielfaches erweitert und die Übertragungskosten wurden reduziert. Grundsätzlich wird das Signal im Sender, speziell im Coder, quellencodiert, kanalcodiert und zur Übertragung moduliert. Analog zum Sender erfolgen alle vorangegangen Schritte im Empfänger, speziell im Decoder. Hier wird das Signal demoduliert und decodiert.

Die Quellencodierung „bildet die Menge der Quellwörter A auf eine Codewortmenge B [...] ab" (Frohberg, Kolloschie & Löffler, 2008: 65) und reduziert die Nachricht verlustfrei.
Das Quellwort A wird durch Abtastung und Quantisierung des kontinuierlichen Signals gewonnen und stellt die minimale Bitfolge dar. Es entsteht Datenreduktion. Unterschieden wird zwischen Redundanzreduktion, mehrfach vorhandene oder ableitbare Daten und Irrelevanzreduktion, nicht wahrnehmbare Daten.

Grundlegende Datenreduktionsverfahren wurden durch MPEG (Motion Picture Expert Group), mit heutigem MPEG-2 Standard nach ISO/IEC 13 818 festgelegt. Der Datentransportstrom innerhalb der Quellencodierung wird durch Multiplexing, eine Mehrfachausnutzung von Übertragungswegen gebildet [16]. Die Audiocodierung erfolgt im Bereich zwischen 20 Hz und 20 kHz, da die außerhalb liegenden Bereiche aufgrund der Trägheit des Ohrs nicht übertragen und somit reduziert werden können. Die niederfrequente Quelle wird bei MPEG-Codierung in 32 Teilbänder mit je 750 Hz Bandbreite aufgeteilt. Die Abtastung jeder Teilbänder erfolgt mit 1,5 kHz, wodurch sich 48 kHz für die Abtastfrequenz des Gesamtsignals ergeben [14].

Die Quellnachricht wird durch Kanalcodierung an die Verhältnisse im Übertragungskanal angepasst. Die Kanalwörter bilden sich beispielsweise aus dem Alphabet B*={0,1}, wobei es sich um eine Binärcodierung handelt. Zusätzlich gibt es einen Fehlerschutz, der aus Fehlererkennung und Fehlerkorrektur besteht. Hier werden redundante Informationen dem Signal beigefügt, um es vor Verfälschungen zu schützen [16].

Das quellencodierte Signal wird mit einem Fehlerschutz verpackt, der bei Störungen angegriffen wird (Abb. 16).

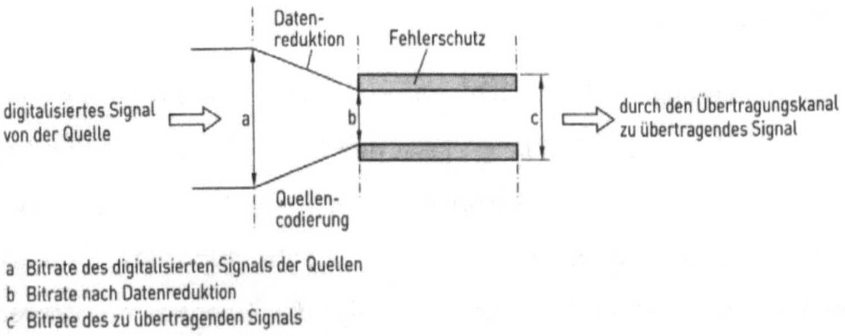

Abbildung 16 Quellencodierung und Fehlerschutz

Das Nutzsignal bleibt durch den Fehlerschutz unangetastet. Durch die Modulation wird das Sendesignal an die Eigenschaften des Übertragungskanals und der Empfangseinrichtung angepasst. Sie bildet das digitale Signal auf eine physikalische Signalfolge ab. Dabei kann bei digitaler Modulation entweder der Träger, das zu modulierende Signal oder beide impulsförmig sein [16]. Die maximal mögliche Band- und Kanalbreite wird durch den Abstand der Trägerfrequenzen bestimmt.

Für jede zu digitalisierende Frequenz gibt es eine Pegel-Frequenz-Funktion, um pegel- und frequenzabhängige Verdeckungseffekte zu mindern. Die Mithörschwellen (Abb. 17) veranschaulichen die Auswirkung der Verdeckung, die bei unterschiedlich lauten benachbarten Frequenzen auftreten.

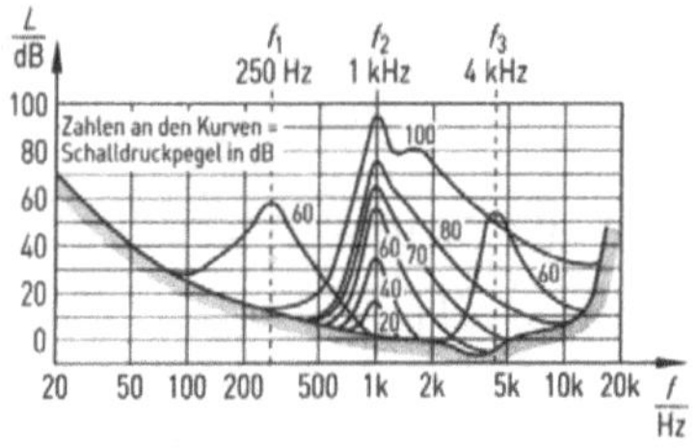

Abbildung 17 Mithörschwelle

Jedes Teilband wird mit zwölf Abtastwerten abgetastet, wodurch die Mithörschwelle mittels eines psychoakustischen Modells bestimmt wird. Dieses Modell basiert auf menschlichen Hörschwächen [14].

4.2.2.1 Digital Radio Mondiale (DRM)

Das digitale Rundfunksystem DRM digitalisiert die amplitudenmodulierten Frequenzbereiche Lang-, Mittel- und Kurzwelle. Es wird mittels COFDM (Coded Orthogonal Frequency Division Multiplex) übertragen, was ein Mehrträgerverfahren ist. Das Signal wird auf mehrere orthogonale Träger im Frequenzbereich aufgeteilt [16]. Die Bitrate wird in Teilströme aufgespalten, die jeweils von einem Träger moduliert werden. Die modulierten Träger übernehmen je ein Symbol und bilden in Summe das Gesamtsignal. Für die Demodulation gibt es definierte Frequenzabstände Δf_T von 42 Hz bis 107 Hz zwischen den Trägern, die wenigstens dem Kehrwert der Symboldauer T_{Symbol} entsprechen müssen (4-14).

$$\Delta f_T = \frac{1}{T_{Symbol}} \tag{4-14}$$

Dadurch sind sie orthogonal und die Subkanäle beeinflussen sich nicht gegenseitig. Zur vorangegangenen Modulation wird eine Vorwärts-Fehlerkorrektur ergänzt, wobei Redundanz im Sendekanal zum Signal addiert wird [12]. Das Signal wird bei DRM mit Vierphasenumtastung QPSK (Quadratur Phase Shift Keying) oder Quadraturamplitudenmodulation (QAM) moduliert. Bei der Phasenumtastung (PSK) ereignet sich eine Änderung der Phasenlage des Trägersignals, wobei ein digitales Modulationssignal mit einem sinusförmigen Träger vorliegt. Der Träger wird um 90° phasenverschoben und die Bandbreitenausnutzung liegt im Idealfall bei 2 (bit/s)/Hz. Repräsentiert werden 2 Bits je Phasenlage.

Die QAM bietet eine Mischung aus Amplitudenumtasung (ASK) und Phasenumtastung. Prinzipiell können zwei Signale übertragen werden, von denen das eine Signal mit einem sinusförmigen Träger moduliert wird und das zweite mit einem cosinusförmigen.

Bei beiden Signalen wird eine Amplitudenumtastung durchgeführt. Dabei wird das rechteckige Modulationssignal u_M amplitudenmoduliert (u_{ASK}).

Die Hüllkurve besitzt einen rechteckigen Verlauf, wobei der Modulationsgrad m idealerweise die Werte 0 und 1 besitzt. In der Realität schwankt der Wert. Die Quadratur-Komponente ist dabei das mit dem sinusförmigen Träger modulierte Signal und die Inphase-Komponente ergibt sich aus dem Signal, das mit dem cosinusförmigen Träger moduliert wurde.

Beide modulierten Signale werden zu einem Zeiger zusammengefasst (Abb. 18).

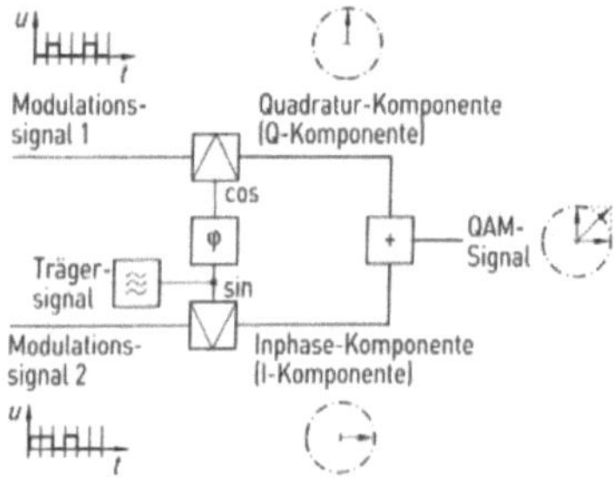

Abbildung 18 QAM

Dieser Zeiger kann unterschiedliche Zustände besitzen. Bei DRM liegen Zustände von 8, 16, 32 und 64 vor, mit denen die Länge des Zeigers verändert wird. Je größer die Wertigkeit, desto besser die Bandbreitenausnutzung [14].

Die Toncodierung erfolgt mittels MPEG-4 AAC. AAC steht für Advanced Audio Coding.
Es ist eine fortgeschrittene Variante der Audiocodierung, bei der 96 kbit/s ausreichen, um ein Stereosignal zu übertragen. Da das Ohr Trägheit im Zeit- und Frequenzbereich aufweist, werden die Irrelevanzanteile beseitigt.

Die Codierung der Frequenzbänder erfolgt durch die Huffman-Optimalcodierung. Dabei wird die kleinste mittlere Codewortlänge L ermittelt. Die Zweige mit der kleinsten Wahrscheinlichkeit im Codierungsbaum werden dafür paarweise zusammengefasst [16]. MPEG-4 AAC unterstützt 5.1 Dolby Surround Sound. Es arbeitet mit einer Kanalbandbreite von 9 kHz für Lang- und Mittelwelle und 10 kHz für Kurzwelle. Je nach Übertragung sind 88 bis 228 Träger vorhanden. Kombiniert wird die Quellencodierung mit SBR (Spectral Band Replication), um subjektiv vergleichbare Qualität des anlogen FM-Hörfunks zu erreichen.

Damit werden Informationen der Hüllkurve des uncodierten Signals dem Empfänger übergeben. Dort wird das Signal um Frequenzanteile oberhalb der Kanalbandbreite erweitert.

Vorteile dieser Radioübertragung sind Bitraten von 20 kbit/s bis zu 25 kbit/s, die eine vergleichbare FM-Qualität in mono aufweisen. Um DRM empfangen zu können, sind jedoch technisch anspruchsvolle Geräte nötig, die meist mit DAB kombiniert werden.

Die Erweiterung DRM+ macht eine Bitrate bis zu 185 kbit/s möglich, bei denen auch Zusatzinformationen wie Text durch die Kanäle intergiert werden können.

4.2.2.2 Digital Audio Boradcasting (DAB)

DAB wird als Multiplexsignal übertragen, das mehrere Hörfunkprogramme und zusätzliche Datendienste wie Verkehrsinformationen über einen physikalischen Kanal überträgt.

Dabei überträgt es 1,5 MHz breite Frequenzblöcke durch Mehrträger-Verfahren. Die Quellencodierung erfolgt mit MPEG 1 Layer 2, das auch als MUSICAM (Masking Pattern adapted Universal Coding and Multiplexing) bezeichnet wird. Es ist ein Teilbandverfahren, das das niederfrequente Modulationssignal in 32 Teilbändern mit jeweils 750 Hz Bandbreite aufteilt. Die Abtastfrequenz eines Stereosignals erfolgt mit 44,1 kHz.

Für jedes Teilband wird ein repräsentativer Mittelwert berechnet. Dabei werden die Mithörschwellen und Verdeckungseffekte für jedes Teilband berücksichtigt. Man erreicht eine Datenreduktion von 80% und eine vergleichbare CD-Qualität eines Stereosignals mit 192 kbit/s. Es werden zwei Varianten des DAB-Multiplexsignals unterschieden, um die Zusatzdaten zu übermitteln. PAD (Programme Associated Data) überträgt die Daten gekoppelt mit den Programmsignalen, wobei die Daten nur über das zugehörige Programmsignal aufgerufen werden können. Die Bitrate

kann bis zu 64 kbit/s betragen. Dabei muss die Kapazität der einzelnen Programme als Gesamtheit von Audio und PAD angesehen werden, wodurch die Bitrate zum Nachteil des Audiosignals variiert.
NPAD überträgt beide Signale getrennt voneinander und kann beliebige Bitraten aufweisen. Durch die Quellencodierung können bis zu neun Programme übertragen werden, was sich durch PAD und NPAD reduziert.

Die Programm- und Zusatzdaten werden zuletzt zu einem Transport-Multiplex zusammengefasst, der mit einer Nettobitrate von 1,5 Mbit/s überträgt (Abb. 19).

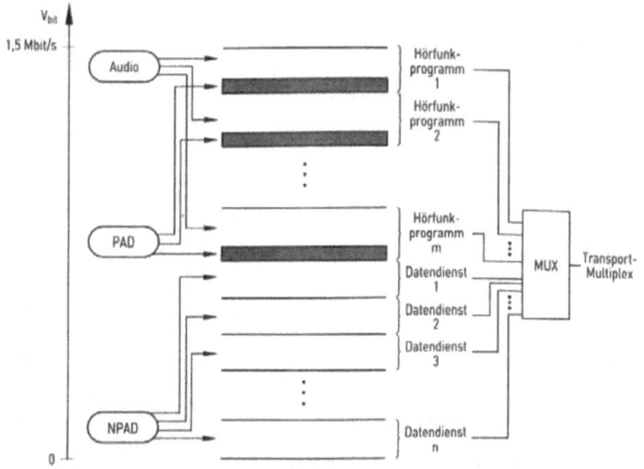

Abbildung 19 Zusammensetzung des Transport-Multiplex

SC (Synchronisation Channel), FIC (Fast Information Channel) und MSC (Main Service Channel) bilden die Rahmenstruktur der DAB-Übertragung (Abb. 20).

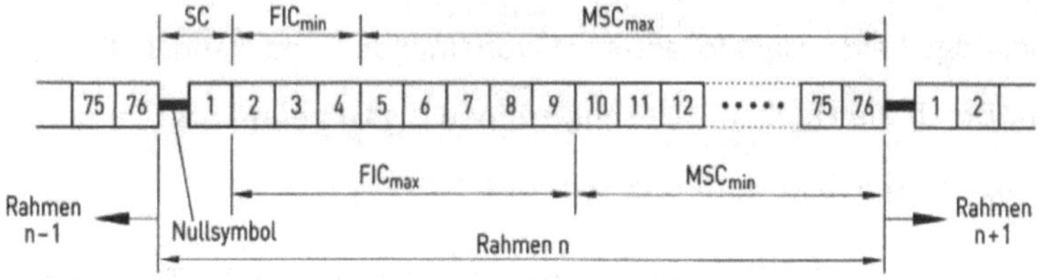

Abbildung 20 DAB-Rahmenstruktur

SC synchronisiert zwischen Sender und Empfänger und dient der Erkennung eines neuen Rahmens. Er weist zwei Symbole auf, von denen das erste immer Null ist, um den Anfang zu repräsentieren. FIC dient der Wiedergewinnung der einzelnen Programme und Dienste im Empfänger und unterteilt sich in die Gruppen MCI (Multiplex Configuration Information) und SI (Service Information). MCI überbringt alle benötigten Parameter und Informationen über die Zusammensetzung des MSC, um das Signal decodieren zu können. SI übergibt zusätzliche Informationen wie Programmname und Ländererkennung. Transportiert werden die eigentlichen Nutzdaten im MSC, das 67 bis 72 Symbole beinhaltet. Alle Daten werden von einem Transport-Multiplexer zusammengefasst. Der daraus gewonnene Transport-Multiplex ist das DAB-Basisbandsignal und wird zur Modulation verwendet. Es handelt sich um ein COFDM-Verfahren, das mit 1,536 Mhz Frequenzblöcken und 192 bis 1526 Trägern arbeitet. Dabei lassen sich bis zu neun Stereoprogramme in einem Frequenzblock unterbringen. Die Träger des DAB-Signals werden mit vierwertiger Differenz-Phasenumtastung (4-DPSK) moduliert [14]. Die Änderung des Phasenwinkels von zwei benachbarten empfangenen Trägern wird dabei übertragen [18]. Durch die Modulation wird das Signal in unterschiedliche Frequenzbereiche gebracht. Das VHF-Band III enthält Frequenzbereiche von 14 MHz bis 230 MHz und das L-Band 1452 MHz bis 1492MHz.

Das VHF-Band III umfasst die Fernsehkanäle 5 bis 12 und enthält pro Kanal vier DAB-Frequenzblöcke, da die Bandbreite der VHF-Kanäle 7 MHz beträgt. Terrestrisch wird dabei von 1452 MHz bis 1467,5 MHz ausgestrahlt. Terrestrisch werden neun Frequenzblöcke ermöglicht.

DAB hat einen störungsfreien Empfang und eine hochwertige Klangqualität. Vorteilhaft ist auch die Übertragung der zusätzlichen Daten. Durch das Mehr-Träger-Konzept weist DAB einen besonders guten mobilen Empfang auf. Jedoch muss in manchen Teilen Deutschlands eine Außenantenne oder ein Repeater eingerichtet werden, um DAB empfangen zu können.

Die Weiterentwicklung der DAB-Übertragung ist DAB+. Die Quellencodierung des Signals wird hierbei mit der Audiocodierung AAC+ v2 erweitert. AAC+ ist die Weiterentwicklung von AAC, wobei v2 für die zweite Version steht. Mit dieser Codierung kann die Bitrate eines Stereosignals auf 64 kbit/s reduziert werden. Durch die Komprimierung können 15 bis 18 Programme in einem Frequenzblock mit CD-Klangqualität ausgestrahlt werden.

Problematisch ist die 2011 erfolgte Umstellung zum Digital-Standard DAB+. Die bisherigen DAB-Empfänger sind mit der Neuerung nicht kompatibel und müssen ersetzt werden. Die neuen DAB+ Empfänger können jedoch DAB empfangen [14].

Derzeit kann DAB+ in ganz Deutschland empfangen werden (Abb. 21) [19].

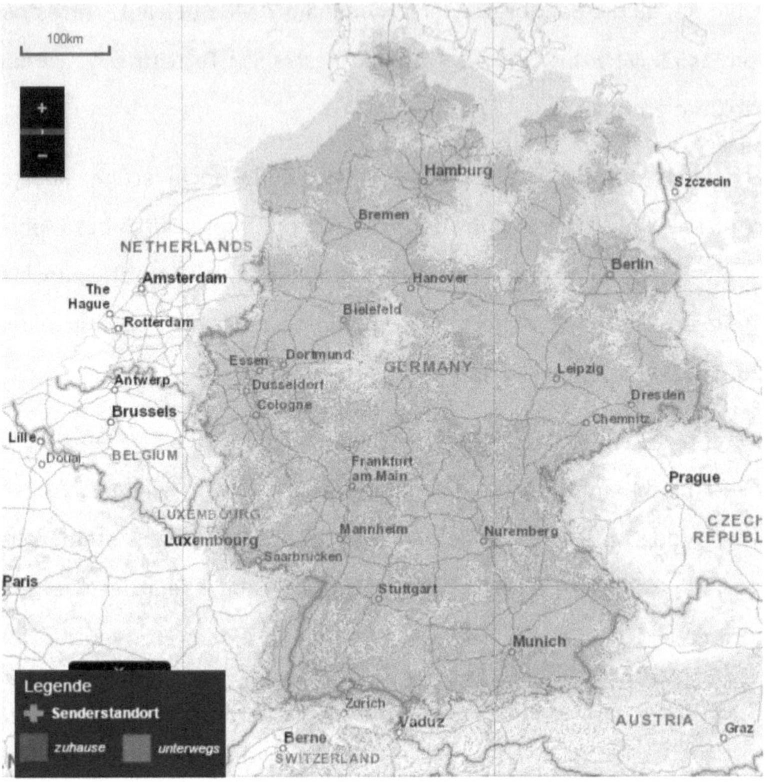

Abbildung 21 Sendeempfang DAB+ Deutschland

4.2.2.3 High Definition Radio (HD Radio)

Das HD-Radio ist eine hybride Ergänzung des digitalen Radiosystems zur terrestrischen Nutzung. Dabei arbeitet es im Bereich des UKW-Empfangs und ist das Konkurrenzsystem zu DAB, dass in den USA und teilweise in der Schweiz genutzt wird. Entwickelt wurde es von der nordamerikanischen Firma iBiquity und nutzt das technische Verfahren IBOC (In Band On Channel). Dem FM-Signal mit 260 kHz

Bandbreite werden zwei digitale Seitenbänder mit je 70 kHz Bandbreite hinzugefügt (Abb. 22).

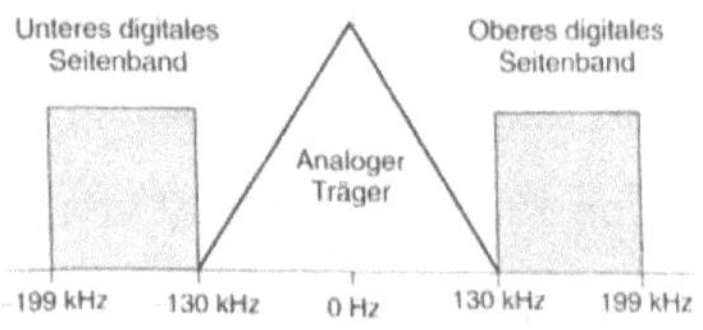

Abbildung 22 Aufbau HD-Sendesignal

Es entsteht eine Gesamtbandbreite von 400 kHz. Für die IBOC-Übertragung kann das analoge Sendesignal auch problemlos innerhalb des Hauses genutzt werden, wobei ortsabhängige Empfangsfeldstärken auftreten.

4.2.2.4 Satellitenradio

Das Satellitenradio wird über die Systeme DSR (Digital Satellite Radio), Worldspace und ESDR (European Satellite Digital Radio) übertragen. DSR sollte Audiosignale in Hi-Fi-Qualität mittels eines Satelliten ausstrahlen. Durch zu große Bandbreiten konnten jedoch nur 16 Sender empfangen werden, weswegen es 1999 abgeschaltet wurde. Worldspace verfügt über Sender, die auch in Deutschland empfangbar sind. Es handelt sich um ein Pay-Radio-Angebot, das für die Regionen Naher Osten, Afrika, Lateinamerika, Karibik und Asien ausgestrahlt wird, wobei es mittels mobiler Empfänger mit kleinen Antennen empfangen wird. ESDR soll über ein Teilband des L-Bandes in dem Frequenzbereich 1479,5 MHz bis 1492 MHz übertragen werden. Die Markteinführung sollte kostenpflichtig in den Jahren 2008 und 2010 passieren und speziell für mobile Empfänger wie Autoradios ausgerichtet werden. Es liegen jedoch keine weiteren Informationen zur tatsächlichen Markteinführung oder der Nutzung vor.

4.2.2.5 Radio über digitales Fernsehen

Astra Digital Radio (ADR) wurde 1955 mit 60 digitalen Radioprogrammen eingeführt. Hierbei wurden zusätzlich zu Bild- und Tonsignalen 12 Hörfunkprogramme durch nicht genutzte Frequenzanteile übertragen. Das Audiosignal wurde mit MUSICAM codiert wodurch eine Bitrate von 192 kbit/s erreicht wurde. Da es sich bei ASTRA um ein digitales Satellitenfernsehprogramm handelt, wird über die zukünftige Abschaltung diskutiert.

DVB-T (Digital Video Broadcasting terrestrisch) Radioprogramme gibt es in Deutschland zurzeit nur in Berlin-Brandenburg. Es wurde zum ersten Mal 2005 mit dreißig Radiosendern ausgestrahlt. Dabei nutzt das Fernsehprogramm eine Codierung von MPEG 2 mit einer Modulation mittels COFDM mit QPSK oder QAM.

DVB-H (Digital Video Broadcasting Handheld) kann durch MPEG-4 AAC mit einer Bitrate von 64 kbit/s Radioprogramme übertragen.

DVB-S Radio (Digital Video Broadcasting Satellite) enthält europaweit ungefähr 270 Radiosender. Dafür wurde ein ARD-Hörfunktransponder beim Satellitenbetreiber ASTRA angemietet. Er überträgt in Stereo bis zu einer Datenrate von 320 kbit/s, was annähernd CD-Qualität entspricht. Einige Radiosender senden mit 5.1 Dolby Surround und einer Bitrate bis zu 448kbit/s. Das digitale Satellitenradio kann von jedem DVB-Empfänger jedoch nur stationär empfangen werden. Zusätzlich werden Informationen wie Sendungstitel übertragen.

4.2.2.6 Internet Radio

Die Programme des Internetradios sind entweder eigenständige Programme oder die Zweitverwertung des terrestrischen Hörfunksenders. Durch Broadcatch-Programme können weltweit 12.000 Radiostationen automatisch durch den Stilwunsch des Hörers aufgenommen werden, wodurch das Signal zwischengespeichert werden muss. Durch die große Anzahl der User kommen Multicast-Router zum Einsatz, die durch Kaskadierung den hohen Zugriff auf die Programme ermöglichen [16].

4.2.3 Nutzungsstatistiken

Es gibt keine Aufzeichnungen über die genaue Nutzung von digitalem und analogem Hörfunk in Deutschland. Jedoch wird durch Internetrecherche deutlich, dass die Deutschen UKW nicht aufgeben wollen. Die Ultrakurzwelle soll 2025, spätestens 2028 in Deutschland komplett abgeschafft werden. Dabei sind die Norweger die Vorreiter der digitalen Radionutzung. Aufgrund Norwegens geografischer Gegebenheiten kann das UKW-Signal nur durch großen finanziellen Aufwand über die hohen Berge und Fjorde gesendet werden, weswegen am 11. Januar 2011 um 11.11 Uhr die ersten UKW-Sender abgeschaltet wurden und bis 2017 komplett abgeschafft werden. Problematisch ist die Abschaffung der UKW-Netze aufgrund der fehlenden digitalen PKW-Radios, die zu zwei Drittel UKW nutzen. In der Schweiz wurde 2016 zum ersten Mal ein größerer Nutzen des digitalen statt des analogen Radios registriert. Dort soll der Wechsel zu DAB+ bis 2024 stattfinden. Die Engländer hingegen, die schon seit 1995 Digitalradio nutzen, hören weiterhin lieber UKW. In Deutschland liegt der DAB-Höreranteil bei 12,6 %. Dabei haben deutsche Haushalte 5,16 Millionen digitale Empfangsgeräte verglichen mit 102 Millionen UKW Radios. Der in Deutschland gescheiterte DAB-Hörfunk soll durch den neueren DAB+-Hörfunk abgelöst werden und für einen größeren Hörerkreis sorgen. Mit ihm könnten bis zu 98% der Autobahnen abgedeckt werden und eine höherer Genauigkeit für den Verkehrsfunk erzielen. Aber auch die geplante Umstellung von DAB zu DAB+ birgt Problematiken. Die DAB-Radioempfänger sind mit der Neuerung von DAB+ nicht kompatibel. Um dem aus dem Weg zu gehen, wird gefordert Multinormchips in allen Geräten zu verbauen, um UKW, DAB+ und Internetradio empfangen zu können [20].

4.3 Antennen

Antennen sind Wellenempfänger und Versender. Dabei überführen sie die Leitungswelle des Senders in eine Freiraumwelle (Abb. 23a) oder nehmen Freiraumwellen auf und wandeln diese in eine Leitungswelle um (Abb. 23b) [21].

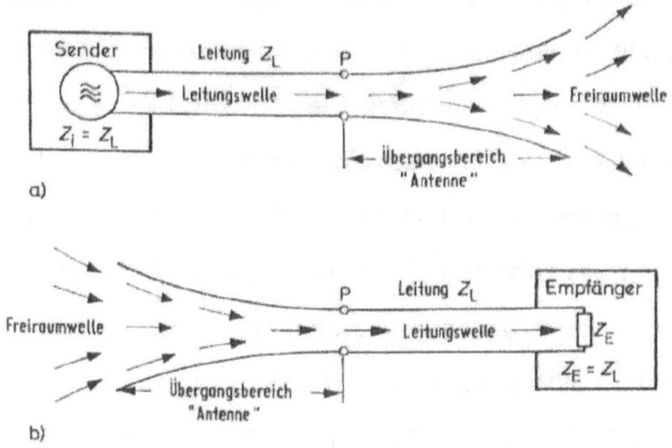

Abbildung 23 a) Sender und b) Empfänger

4.3.1 Grundlagen

Antennen arbeiten nach dem Reziprozitätstheorem. Das bedeutet, dass die Parameter einer Sendeantenne bezüglich ihrer zugehörigen Empfangsantenne gleich sind. Sie entzieht der elektromagnetischen Welle Energie. Dabei induziert die Welle Spannung, wodurch ein Strom i entsteht, der zum Empfangsgerät gelangt [16]. Eingesetzt werden Antennen je nach benötigtem Nachrichtensystem. Bei Kommunikationsübertragung erstrebt man eine sehr verlustarme Überführung, wohingegen die Messantenne physikalische Eigenschaften sehr genau erhalten muss. Sie können heutzutage Übertragungsglieder von Längstwellen (VLF) mit λ_0 = 30km ($f = 10kHz$) bis in den Millimeterwellenbereich (EHF) mit λ_0 = 7,5mm

($f = 40GHz$) sein [21], wobei λ_0 die gemessene Wellenlänge beschreibt und f die zugehörige Frequenz. Der Raum um die Antenne wird in die Zonen Nahfeld, Übergangsfeld (Fresnel-Region) und Fernfeld (Fraunhofer-Region) unterteilt.

Die Abgrenzung der genannten Felder ist fließend. Trotzdem wird der Radius des Nahfeldes folgend definiert (4-15).

$$r = \frac{2l^2}{\lambda} \tag{4-15}$$

Im Nahfeld findet zwischen den magnetischen und elektrischen Feldkomponenten eine Phasenverschiebung von bis zu 90° statt. Im Falle eines Dipols gilt für die magnetische Feldstärke eine Verminderung von $\frac{1}{r2}$ mit wachsender Entfernung r, für die elektrische Feldstärke eine Reduktion um $\frac{1}{r3}$.

Um keine Veränderungen der Sende- und Empfangseigenschaften zu erhalten, ist es wichtig den Standort der Antenne so zu wählen, dass keine störenden Objekte innerhalb des Nahfeldes liegen.

Das Übergangsfeld erfährt durch die räumliche Entfernung eine Änderung der elektrischen Feldkomponenten und deren Amplitude. Auch hier gibt es eine Verminderung des elektrischen Feldes von $\frac{1}{r2}$.

In Phase sind die elektrischen und magnetischen Komponenten im Fernfeld und erzeugen eine ebene Welle, wodurch die Vektoren der Feldstärken senkrecht aufeinander stehen. Mittels des Feldwellenwiderstandes Z_0 (4-16) sind die Feldstärken verbunden.

$$Z_0 = \frac{\sqrt{\mu_0}}{\varepsilon_0} = 120\pi\Omega \tag{4-16}$$

Die Feldstärken vermindern sich mit steigender Entfernung um $\frac{1}{r}$ [22].

Die Polarisation beschreibt die Ausrichtung des Vektors des elektrischen Feldes. Hierbei wird die hörfunkrelevante lineare Polarisation folgend unterschieden:

Der Vektor des elektrischen Feldes ändert sich periodisch. Ein horizontaler Dipol (parallel zur Erdoberfläche ausgerichtet) zeigt parallel zur Erdoberfläche verlaufende elektrische Feldlinien auf. Hierbei entsteht eine horizontale Polarisation.

Bei einem vertikalen Dipol (senkrecht zur Erdoberfläche), verlaufen die Feldlinien vertikal zur Erdoberfläche. Es entsteht eine vertikale Polarisation.

Sendeantennen, die im Hörfunk verwendet werden, sind Vertikalantennen und Dipolantennen, wobei sich die Funktionsweise jeder Antenne auf einen Dipol zurückführen lässt.

4.3.2 Dipolantenne

Eine Dipolantenne der Länge $2l$ entsteht durch aufklappen einer offenen Doppelleitung der Länge l. Ein Hertzscher Dipol, der eine konstante Verteilung des Stroms i aufweist, muss $l \ll \lambda$. vorweisen.

Die Dipolantenne, auch symmetrische Antenne genannt, hat ein linear polarisiertes Wellenfeld, dass sich senkrecht zur Dipolachse gleichmäßig ausbreitet, wenn sie frei im Raum steht (Abb. 24).

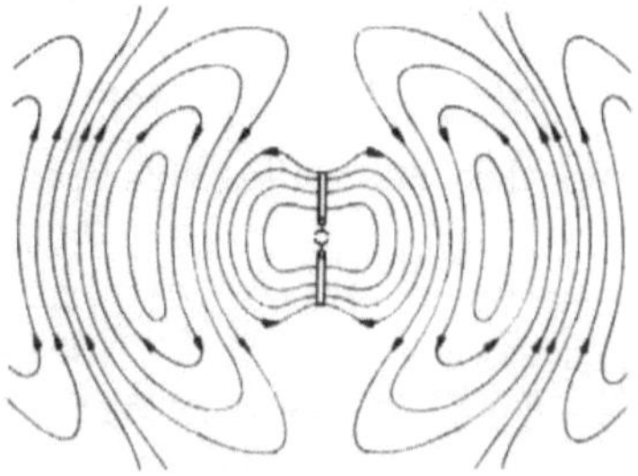

Abbildung 24 Elektrisches Dipolfeld

Sie ist besonders geeignet für den UKW-Bereich. Es werden horizontal polarisierte $\lambda/2$-Dipole genutzt, die horizontal zum Erdboden ausgerichtet sind.

Der Strom i am Leitungsende der Antenne fällt auf 0 ab, wodurch eine stehende Welle entsteht (Abb. 25).

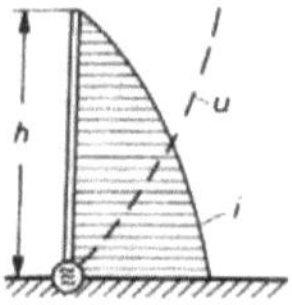

Abbildung 25 Strom- und Spannungsverlauf Antenne

Um die Stromknoten am Leitungsende zu entfernen, muss eine möglichst gleichmäßige Stromverteilung erzwungen werden, was durch Endkapazitäten C_E erreicht werden kann. Realisiert werden Endkapazitäten durch L-,T- und Schirmantennen (Abb. 26) [15]

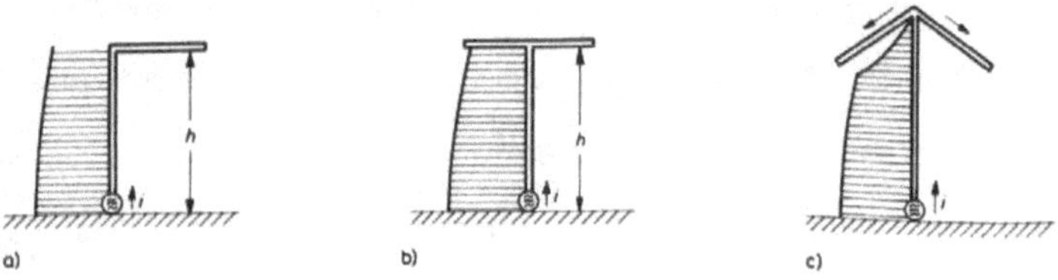

Abbildung 26 a) L-Antenne, b) T-Antennem, c) Schirmantenne

Die UKW-Antenne ist meist ein gefalteter Dipol, der eine Länge von 1,5 Metern aufweist [23].

4.3.3 Vertikalantenne

Vertikalantennen, auch Stabantennen genannt, stehen senkrecht zum Erdboden und sind vertikal polarisiert. Dabei strahlen sie parallel zur Erdoberfläche ab und zeigen Rundstrahlcharakteristika auf. Die Strahlung verteilt sich gleichmäßig in alle Richtungen. Die einfachste Vertikalantenne ist die Marconi Antenne (Abb. 27).

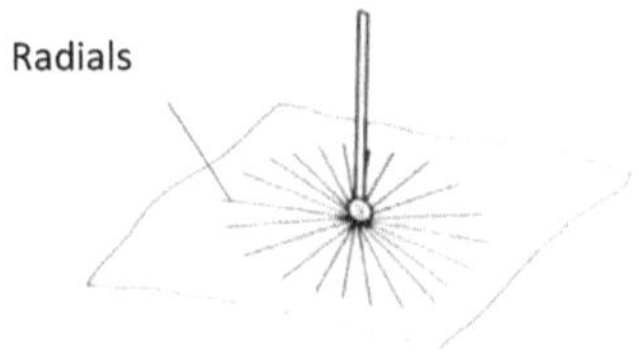

Abbildung 27 Marconi Antenne mit Radials am Antennenfuß

Die Höhe dieser Antenne beträgt $\lambda/4$, wodurch sie auch Viertelwellenstrahler genannt wird. Sie eignet sich besonders für die Mittelwellen, wobei die Antenne auf dem Boden steht.
Der Erdboden ist für Lang- und Mittelwellen ein guter Leiter, wohingegen Kurzwellen nicht gut geleitet werden. Die Antennenkonstruktion ist sehr geeignet für Inseln mit leitendem Meeresspiegel. Manuell kann ein Drahtnetz um den Fuß der Antenne in 20 cm bis 50 cm Tiefe vergraben werden und so die Leitfähigkeit steigern. Für Mittelwellenfrequenzen müssen mindestens 120 Radials des Drahtnetzes vergraben werden, wobei es für KW weniger sind. Zu Ende der Antenne entsteht bei leerlaufenden Leitungen ein Stromknoten.

Eine weitere Vertikalantenne ist die Groundplane-Antenne. Es müssen mindestens vier Erdungsebenen am Antennenfußpunkt mit der Länge $\lambda/4$ montiert werden. Durch ihren ähnlichen Aufbau wie die Marconi-Antenne eignet sie sich auch für LMK-Wellen. Besonders für Kurzwellen wird die Groundplane-Antenne mit einer Länge von 2,5 m bis 25 m auf Hochhäusern platziert, um über Hindernisse hinweg strahlen zu können. Die flache Abstrahlcharakteristik kann durch 135° steile Radials verbessert werden [15].

Für den gesamten Kurz-Mittel-Lang Bereich verwendet man am häufigsten die Stabantenne mit Rundstrahlcharakteristik [24]. Die Länge der Stabantenne reicht von 2 Metern bis 4 Metern und besteht meist aus Glasfiber mit einer eingelegten Kupferlitze (miteinander verdrehte Drähte).

Durch die Litze unterbindet man die Feldstärkenkonzentration an der Spitze der Antenne, da man sonst Prasselstörungen bei Wetterwidrigkeiten in Kauf nehmen müsste [23]. Die Eingangsspannung U_E einer LMK-Empfangsantenne ist abhängig von der aufgenommenen elektrischen Feldstärke E und der effektiven Antennenhöhe h_{eff} (4-17).

$$U_E = E * h_{eff} \tag{4-17}$$

Um alle UKW-Strahlungsrichtungen abzudecken gibt es Kreuzdipole. Es handelt sich hierbei um zwei Dipole die 90° zueinander versetzt sind.

Yagi-Antennen sind Richtantennen, die ein qualitativ hochwertiges Stereosignal empfangen.
Sie blenden Störungen aus, die von anderen Sendern empfangen werden. Die UKW-Richtantenne besteht aus einem Dipol und einem Reflektor.

4.4 Radioübertragung im PKW

Antennen am PKW, auch Mobilantennen genannt, sind für den LMK- und UKW-Empfang Breitbandantennen. Es handelt sich dabei um Stabantennen. Die Antenne muss einen Frequenzbereich von 150 kHz bis 104 MHz abdecken. Des Weiteren muss die Mobilantenne horizontal polarisierte Ultrakurzwellen und vertikal polarisierte LMK-Wellen empfangen. Dabei kommt es zu Feldverzerrungen, die durch den metallischen Körper des Fahrzeugs hervorgerufen werden und Polarisationsdrehungen nach sich ziehen (Abb. 28).

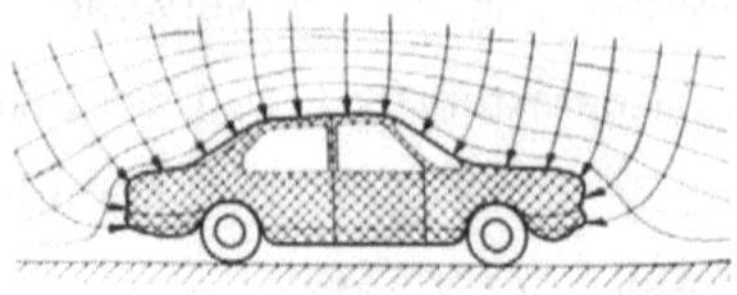

Abbildung 28 Feldverzerrung am PKW

Um eine passende Antenne für das Auto zu generieren, wird der Effekt der Polarisationsdrehung genutzt, um die vertikale als auch horizontale Polarisation zu empfangen. Im UKW-Bereich kann ein Viertelwellenstab mit einer Länge von 80 cm montiert werden, was jedoch zu kurz für LMK-Hörfunk ist.

Da die Antennenspannung abhängig von der effektiven Antennenhöhe ist, kann die Stablänge 1 m bis 1,1 m betragen, um alle vier Wellenbereiche zu empfangen. Die Antenne muss dabei so auf dem Wagen platziert sein, dass sie beide Polarisationsrichtungen erfährt, wofür die Heckpartie gut geeignet ist.

Elektronische Antennen besitzen am Fußpunkt einen rauscharmen Verstärker, wodurch sich die Stablänge erheblich reduzieren lässt. Es handelt sich dabei meist um kurze Stabantennen mit einer Länge von 40 cm. Die Zweiwegeverstärker verarbeiten die beiden Wellenbereiche UKW und LMK getrennt voneinander und erzielen eine gleichwertige Qualität wie 1 m lange Antennen.

Antennen können in neuen Autos als Scheibenantennen unsichtbar unter der Scheibe des PKWs verbaut werden oder Radiosignale beispielsweise über die Kabel der Heizdrähte empfangen.

Eine weitere Empfangsmöglichkeit von Radiowellen im Auto sind Folienantennen, die beliebig formbar und unter dem Cockpit verbaut sind [15].

5 Zusammenfassung

In der vorliegenden Arbeit wurden wichtige Aspekte zur Etablierung des Radios zusammengefasst. Das Hauptaugenmerk wurde dabei auf die technischen Übertragungsmöglichkeiten des Hörfunks gelegt. Es hat sich herausgestellt, dass es eine Vielzahl an technischen und physikalischen Entdeckungen gab, die durch technisch neue Entwicklungen sich einem stetigem Wandel unterziehen. Trotz aller Neuerungen, muss sich vor Allem der analoge Empfang noch immer den physikalischen Gesetzten beugen und geografische Widrigkeiten bezwingen. Trotzdem ist das analoge Radio ein roter Faden in der Geschichte und erfreut sich damals wie heute großer Beliebtheit. Durch die Darstellung inländischer und ausländischer Nutzungsverhalten zeigt sich, dass das UKW-Radio die größte Verbreitung aufweist. Im Gegensatz dazu steht das digitale Radio, das sich bis heute nur schwer in unserer Gesellschaft etablieren konnte. Obgleich es technisch mehr Vorteile gegenüber dem analogen Radio vorweisen kann, konnte es sich im Großteil der Bevölkerung nicht durchsetzten. Dabei bietet das Digitalradio eine größerer Anzahl an Übertragungsmöglichkeiten und besserer Qualität mit finanziell kleinerem Aufwand. Ein elementarer Bestrandteil der Übertragung sind Antennen. Auch im Sende- und Empfangsbereich wurden technische und physikalische Grenzen überwunden, wodurch sich auch die Antenne in ihren Eigenschaften anpasste, um einen hohen qualitativen Empfang zu ermöglichen. Dabei muss sie, speziell im PKW, immer komplexer werdende Aufgaben übernehmen und gleichzeitig das Blickfeld des Fahrers nicht behindern.

Der Hörfunk wird literarisch mit dem Rundfunk oftmals zusammengelegt, wodurch schnell der Eindruck entsteht, dass es sich um ein weniger bedeutsames Medium als das Fernsehen handelt. Dies kann jedoch durch seine technische und soziale Komplexität wiederlegt werden.

6 Ausblick

Das Unterhaltungsmedium Radio ist durch seine vielfältigen Empfangsmöglichkeiten sehr flexibel. Der technische Fortschritt unserer Zeit ist dabei unaufhaltsam und wird auch auf das Radio weiterhin einen großen Einfluss haben. Der UKW-Standard wird durch seinen großen Hörerkreis nur schleppend aus unserer Gesellschaft vertrieben werden können und wohl nie komplett verschwinden. Es sollte spezielles Augenmerk auf die hybride Nutzung der Geräte gelegt werden, da sich immer mehr Hörer nicht auf Analog oder Digital festlegen wollen.

7 Literaturverzeichnis

[1] Frithjof Niedermaier, *Die Entstehung des Radios*, Abgerufen am 10.03.2017 unter http://www.schliemann-gym.de/fileadmin/user_upload/documents/ Schueler/Schuelerzeitung/Die_Entstehun g_des_Radios.pdf

[2] Brittain, J. E. (2007, 6. Juni), *Electrical Engineering Hall of Fame Frank Conrad*, Abgerufen am 10.03.2017 unter http://ieeexplore.ieee.org/stamp/stamp.jsp?arnumber=4282132

[3] Schneider, I. R. (1984).*Radio - Kultur in der Weimarer Republik*. Tübingen, Deutschland: Gunter Narr Verlag (S. 14-23)

[4] Boelcke, W. A. (1977), *Die Macht des Radios Weltpolitik und Auslandsrundfunk 1924-1976*, Frankfurt/Main, Deutschland: Ullstein Verlag (S. 44)

[5] Dominik Reinle, D. (2005, 3. Juli). *Hörfunk und Fernsehen in der Nazi-Zeit (Teil 1)*, Abgerufen am 06.04.2017 unter http://www1.wdr.de/archiv/rundfunkgeschichte/rundfunkgeschichte124.html

[6] Bessler, H. (1980), *Hörer- und Zuschauerforschung*, München, Deutschland: Deutscher Taschenbuchverlag (S. 46-135)

[7] Koch, H. J., & Glaser, H. (2005), *Ganz Ohr: Eine Kulturgeschichte des deutschen Radios*. Köln, Deutschland: Böhlau Verlag (S. 203-269)

[8] Spektrum der Wissenschaft Vertragsgesellschaft mbH, *Maxwell-Gleichungen*, Abgerufen am 10.03.2017 unter http://www.spektrum.de/lexikon/physik/maxwell- gleichungen/9525

[9] Spektrum der Wissenschaft Vertragsgesellschaft mbH, *Hertzscher Oszillator*, Abgerufen am 11.03.2017 unter http://www.spektrum.de/lexikon/physik/hertzscher- oszillator/6662

[10] Lertes, P. Dr.. (1922), *Die drahtlose Telegraphie und Telefonie* (Überarb. Aufl.), Dresden und Leipzig, Deutschland: Steinkopff (S. 1-15)

[11] Spektrum der Wissenschaft Vertragsgesellschaft mbH, *Hertzsche Versuche*, Abgerufen am 11.03.2017 unter http://www.spektrum.de/lexikon/physik/hertzsche- versuche/6666

[12] Contumax GmbH & Co. KG, *Drahtlose Telegrafie*, Abgerufen am 20.03.2017 unter http://www.zeno.org/Meyers-1905/B/Drahtlose+Telegraphie

[13] Brandis, C. (2005), *Stammbäume der Technik*, Bremen, Deutschland: MontAurum Verlag(S. 251)

[14] Freyer, U. (2013), *Medientechnik*, München, Deutschland: Carl Hanser Verlag (S. 21-308)

[15] Schumny, H. (1987), *Signalübertragung* (2. Aufl.). Braunschweig, Deutschland: Friedr. Vieweg & Sohn (S. 1-293

[16] Frohberg, W., Kolloschie, H., & Löffler, H. (Hrsg.). (2008), *Taschenbuch der Nachrichtentechnik*, München, Deutschland: Carl Hanser Verlag (S. 64-360

[17] G. Krump, (2014), Skript Digitale Medien I, Deggendorf, Deutschland (S. 2)

[18] Mäusle, R. (1995), *Digitale Modulationsverfahren* (4. Aufl.), Heidelberg, Deutschland: Hühtig (S. 213)

[19] DRD Digitalradio Deutschland GmbH, abgerufen am 27.08.2017 unter http://digitalradio.de/index.php/de/empfangneu

[20] Holger Kroker (2017, 4. März), *Abschied vom guten alten UKW*, abgerufen am 28.08.2017 unter https://www.welt.de/print/die_welt/wissen/article162576384/Abschied-vom-guten-alten-UKW-Radio.html

[21] Stirner, E. (1986), *Antennen Band 2: Praxis* (2. Aufl.), Heidelberg, Deutschland: Hühtig (S. 11)

[22] Schlötzer, S., & Renk, T. (o.D.), *Grundlagen der Antennentheorie*, Abgerufen am 02.05.2017 http://dk0te.dhbw-ravensburg.de/studienarbeit- 4nec2/downloads/antennentheorie.pdf

[23] Boggel, G. C. (1994), *Antennentechnik* (4. Aufl.), Heidelberg, Deutschland: Hühtig (S.70-71)

[24] Leonhard, J.-F., Ludwig, H.-W., Schwarze, D., & Straßner, E. (2001), *Medienwissenschaft*, Berlin, Deutschland: De Gruyter (S. 1361)

[25] Erb, E. (1989), *Radios von gestern*. Luzern, Schweiz: M+K Computer Verlag AG (S. 31)

[26] The National High Magnetic Field Laboratory, (2014, 10. Dezember), *Marconi Radio 1897*, abgerufen am 20.3.2017 unter https://nationalmaglab.org/education/magnet-academy/history-of-electricity-magnetism/museum/marconi-radio

[27] *Der Schwingkreis*, abgerufen am 30.3.2017 unter http://www.ieap.uni-kiel.de/et/people/wimmer/teaching/Phys_II/P2_V6.pdf

Anhang

Tabelle 1: Hörfunkfrequenzen

Frequenz	Programm	Modulationsart
148,5 - 1283,5 kHz	Langwelle	AM
526,5 - 1606,5 kHz	Mittelwelle	AM
2,3 - 26,1 MHz	Kurzwelle	AM
87,5 - 108 MHz	Ultrakurzwelle (UKW)	FM

FSC
www.fsc.org
MIX
Papier | Fördert
gute Waldnutzung
FSC® C083411

Kolibri 360 GmbH
Ferdinand-Jühlke-Straße 7
99095 Erfurt, Deutschland
produktsicherheit@kolibri360.de

Druck:
CPI Druckdienstleistungen GmbH
im Auftrag der
Kolibri 360 GmbH
Ferdinand-Jühlke-Str. 7
99095 Erfurt